Rainer Thiel

Dialektik, TRIZ und ProHEAL

ROHRBACHER MANUSKRIPTE. Heft 21

LIFIS – Leibniz-Institut für Interdisziplinäre Studien
https://leibniz-institut.de

Dialektik, TRIZ

und ProHEAL

Rainer Thiel

LIFIS – Leibniz-Institut

für Interdisziplinäre Studien, Berlin 2020

ROHRBACHER MANUSKRIPTE

herausgegeben von Hans-Gert Gräbe

Heft 21

Bibliografische Information der Deutschen Nationalbibliothek: Die Deutsche Nationalbibliothek verzeichnet diese Publikation in der deutschen Nationalbibliografie; detaillierte bibliografische Daten im Internet unter `http://dnb.dnb.de`.

Redaktion dieses Heftes: Hans-Gert Gräbe, Leipzig

Herstellung und Verlag: BoD – Books on Demand, Norderstedt

ISBN 9783752620153

Inhaltsverzeichnis

1 Vorwort des Herausgebers

ProHEAL steht für *Programm des Herausarbeitens von Erfindungs-aufgaben und Lösungsansätzen* und ist eine Anpassung und Weiter-entwicklung der Erfindungsmethodik TRIZ[1], einer inzwischen welt-weit beachtete Methodik zur Lösung widersprüchlicher Anforderun-gen, die von G.S. Altschuller und seinen Schülern seit den 1950er Jahren zunächst in der Sowjetunion entwickelt wurde. Mit der Über-setzung von drei wichtigen Werken [1], [2] und [3] dieser Schule ins Deutsche wurde der Grundstein für die DDR-Erfinderschulbewe-gung gelegt, die nicht nur Einfluss auf die DDR, sondern auch auf Länder des nahen sozialistischen Auslands hatte. Ihr Aufschwung in der DDR der 1980er Jahre hängt stark auch mit den zuneh-menden ökonomischen Schwierigkeiten zusammen, welche die Ent-scheidungsbefugnisse der Kombinatsdirektoren deutlich erweiterten. Mehr dazu in [21], [33] oder [4], [5].

Bei der Lösung widersprüchlicher Anforderungen geht es in dieser Methodik nicht um Kompromisse, sondern um innovative Lösungen im Sinne der Hegelschen Dialektik. Ein Glas Tee soll heiß sein, da-mit der Tee schmeckt, und es soll kalt sein, damit man sich nicht die Finger verbrennt. Die Kompromisslösung „lauwarmer Tee" stellt niemanden zufrieden, deshalb wurde (1) der Teeglasuntersatz, (2) das Teeglas mit Henkel oder (3) der Styroporbecher erfunden. Allen gemeinsam ist ein einfaches Prinzip der Lösung des Widerspruchs, die Trennung der Anforderungen im Raum durch (1) eine Zusatz-komponente, (2) durch Weiterentwicklung der Lösung (1) durch „Trimmen" oder (3) durch Verwendung eines Material mit gerin-ger Wärmeleitfähigkeit.

---

[1]TRIZ ist ein aus dem Russischen übernommenes Akronym und steht für Тео-рия решения изобретательских задач – Theorie der Lösung von Erfindungs-aufgaben.

Die hier vorgelegte Publikation reproduziert in den Kapiteln 3, 4 und 6 das KdT-Lehrmaterial [20] als eine der Kern-Publikation zu Pro-HEAL, die vom Autor zusammen mit Dr.-Ing. Hans-Jochen Rindfleisch, Verdienter Erfinder der DDR, erarbeitet wurde.

Mit der Neuauflage von inzwischen nur noch schwer zugänglichen Materialien soll die Rezeption dieses DDR-Erbes erleichtert werden, das im Zuge der deutsch-deutschen Vereinigung wie vieles Originale der DDR unter die Räder kam. Die internationale Entwicklung hat auf diese spezifisch innerdeutschen Befindlichkeiten wenig Rücksicht genommen, und so hat Deutschland nun auch auf diesem Gebiet Aufholbedarf.

ProHEAL wird in dieser Publikation in folgenden Dimensionen vorgestellt:

Kapitel 2. Vorwort des Autors
Kapitel 3. Die algorithmische Darstellung
Kapitel 4. Arbeitsblätter
Kapitel 5. Die inhaltlichen Schwerpunkte
Kapitel 6. Kurze Zusammenfassung

In den Kapiteln 2 und 5 ist Rainer Thiel, unserem 90-jährigen Jubilar, Raum zu eigener neuer Darstellung mit 30 Jahren Abstand eingeräumt. Die anderen Kapitel folgen eng der historischen Vorlage aus dem Jahr 1989.

Hans-Gert Gräbe, Leipzig

2 Vorwort des Autors

Erstens wendet sich ProHEAL an alle Ingenieure, gleich, in welchem Bereich sie tätig sind: Sie sollen nicht nur Aufträge erfüllen, sie sollen kreativ über den Auftrag hinaus denken: Wir brauchen eine neue, friedliche, menschenfreundliche und umweltverträgliche Welt. Ingenieure sollen Mitgestalter werden.

Zweitens sollen sich Ingenieure mit den gesellschaftlichen Bedürfnissen vertraut machen, denen ihr Auftrag entsprungen ist.

Drittens sollen Ingenieure über den jeweils empfangenen speziellen Auftrag hinausgehend zu denken beginnen.

Assoziationsanregend kann ein *Brainstorming* sein, wenn es denn richtig verstanden wird: Als Paar von direkter und inverser Ideenkonferenz. In der direkten Ideenkonferenz sollen Teilnehmer ihre Hemmungen überwinden, sie dürfen auch spinnen, darüber lachen und sich in ihre Ausgeburten sogar verlieben. Aber: In den nachfolgenden Stunden muss die *inverse Ideenkonferenz* folgen, wie es der Schöpfer des Brainstorming – anno 1944 in Amerika – gewollt hat, nämlich Gericht zu halten über Ausuferungen der Lust an ungezügelter Phantasie. Da prallen die Meinungen aufeinander im Brainstorm-Team. Da kann es hoch hergehen wie beim Sturm im Wasserglas. Dann aber müsste systematisches Denken einsetzen, nämlich System-Denken. Und da setzt das ProHEAL ein. Zu Beginn werden in einer matrixförmigen Tabelle **A**nforderungen, **B**edingungen, **E**rwartungen und **R**estriktionen als Zeileneingänge sowie sogenannte Zielgrößen als Spalteneingänge gesammelt. Also fülle die Felder der folgenden Matrix aus mit konkreten Angaben relevanter Parameter vorgefundener Objekte und zu wünschenswerter Entwicklung ihrer Werte:

	Zweck- mäßigkeit	Wirtschaft- lichkeit	Beherrsch- barkeit	Brauch- barkeit
Anforderungen				
Bedingungen				
Erwartungen				
Restriktionen				

Es erscheint uns also entscheidend, die wesentlichen Parameter durch Analyse von technisch-ökonomischen Belangen zu finden, sodann durch kräftige, extensive Parameter-Variation über das Vorgefundene (damit auch über Altschuller) hinausgehend – Widersprüche gedanklich vorwegzunehmen (zu antizipieren) und analysierbar zu machen. Deshalb also die $4 \times 4 = 16$ Felder der Matrix mit den ABER und den Zielgrößenkomponenten. So findet der Ingenieur selbstständig zur Analyse von vorwegzunehmenden Widersprüchen im technisch-ökonomischen Denkfeld. Der Ingenieur gewinnt an Zielklarheit und an Lust, kreativ zu werden, hinausgehend über den Tag und den Auftrag des Chefs. So gewannen wir einen *Assoziations-Generator* für den Ingenieur, um dessen Erfahrungen zu aktivieren für gründliche Recherche der Bedürfnisse von Nutzer und Hersteller, Kunde und Fabrikant, und um den Ingenieur zu motivieren, weiteres Material aus Literatur und Nachbar-Abteilungen seines Betriebes zu beschaffen. Dass die Zeilen- und die Spalten-Inhalte sich redundanz-artig überdecken können, stört nicht. Es geht darum, die Assoziation möglichst stark anzuregen und Widersprüche sichtbar zu machen.

Dabei kann man einen Spaß und zwei Beinahe-Redundanzen bemerken. Begonnen hatten wir, dem gesellschaftlichen Bedürfnis entsprechend die Anforderungen, die Bedingungen und die Restriktionen zu notieren, also die A, die B und die R. Da meinte Hans-Jochen: Nehmen wir doch gleich noch die Erwartungen mit dem Anfangsbuchstaben E hinzu, das duftet zwar nach Redundanz, denn Anforderungen, Bedingungen und Restriktionen haben wir schon im Blick, doch wir haben statt ABR jetzt ABER. Das ist nicht nur ein schönes Logo aus vier Buchstaben, das ist auch ein Alarm-Signal beim Brainstorming, dem ein inverses Brainstorming folgen muss. Da spielt in deutscher Sprache die Kopula „aber", also der kritische Einwand, eine Rolle.

Eine weitere Beinahe-Redundanz erlaubten wir uns, indem wir außer den ABER auch noch vier Zielgrößen-Komponenten ins Blickfeld zogen. So entstand aus der eindimensionalen ABER-Liste eine zweidimensionale Matrix mit insgesamt $4^2 = 16$ Feldern. Und Redundanz wegen der Begriffsverwandtschaft der Zeilen- und der Spalten-Eingänge? Das ist ein Glücksfall. Denn jetzt entsteht für den Techniker ein (4-hoch-2)-Generator, das Denken anzukurbeln. Das ist Wind, um Widersprüche herauszuarbeiten und lösbar zu machen. Wir brauchten nur noch zu sagen: „Und jetzt, liebe Kol leginnen und Kollegen, treiben wir übliche Parameterwerte in die Höhe." In unseren Erfinderschulen hat das Wirbel ausgelöst. Techniker waren aufs höchste angeregt, auch aufgeregt, und bald kamen laute Zwischenrufe. Verdutzte Techniker riefen: „Da kommen wir doch in Widersprüche!" Ja, genau das wollen wir, das hätte auch Altschuller begeistert. Und ich konnte den Technikern sagen: „Da sind Sie von ihren Professoren getäuscht worden, von wegen in einer Ingenieur-Aufgabe dürfe nie ein Widerspruch auftreten." Wir aber haben gelernt von Hegel und von Marx. Dort lernten wir außerdem, dass zur Dialektik gehört: Bäume wachsen nicht bis zum Himmel.

Da muss etwas Neues kommen! Wer darauf hinwirkt, provoziert dialektische Widersprüche.

Die ABER-Matrix ist (mit redaktionellen Wandlungen) auch von Hansjürgen Linde in seiner Dissertation an der TU Dresden 1988 [12] und 1993 in der Druckausgabe seiner WOIS [13] vielfach verwendet worden, ebenso Schreibweisen in Textfassungen, 1980 von Thiel eingeführt, um Texte Altschullers komprimieren zu können. Linde und Thiel waren in herzlicher Freundschaft verbunden. Eines Tages rief er mich an: „Morgen muss ich ins Krankenhaus." Drei Wochen später empfing ich eine Nachricht aus seinem Institut: Sein reiches Leben hatte sich vollendet.

Die Denkarbeit, die zu dieser matrix-förmigen Tabelle führte, hatte – über Altschuller hinausgehend – 1980 begonnen mit dem Vorschlag zu einer Notierungsweise technisch-ökonomischer Widersprüche, die auch zitiert wurde in dem ersten Erfinderschul-Lehrmaterial, das von Michael Herrlich verfasst worden war [8]. Die weitere Ausgestaltung hat fünf Jahre in Anspruch genommen. Damit waren Rindfleisch und Thiel zum zweiten Mal zur Dialektik aller Entwicklung vorgedrungen und zum ersten Mal über Altschuller hinausgegangen.

Freude hatte ursprünglich ausgelöst, dass Altschuller in seine Tabellenfelder – von ihm als fest vorgegeben – sogleich auch Lösungsverfahren eingetragen hatte, die von ihm als relevant angenommen wurden. Gewiss kann die Kurzerhand-Zuordnung von solchen Standard-Lösungsverfahren für manchen Nutzer Anregung bieten. Wir meinen aber, dass manchem Nutzer Zweifel kommen, ob Lösungen immer auf diese Weise gefunden werden können. Das war uns auch Grund, die Lösungsverfahren aus der Altschuller-Tabelle herauszulösen, um sie zu einem späteren Zeitpunkt des schöpferischen (kreativen) Prozesses effektiver ins Spiel bringen zu können. Es nützt nicht viel, sie zu früh anwenden zu wollen, wenn das Problem noch gar nicht hinreichend als dialektischer Widerspruch oder als Set dialektischer Widersprüche bestimmt ist.

Wir fanden aber einen dritten Anlass, die Dialektik aller Entwicklung in der Methodik des Erfindens geltend zu machen: Die Bewertung der von Altschuller 1973 in „Erfinden (k)ein Problem" [1] vorgeschlagenen vierzig Lösungsprinzipe. Wir verwerfen sie nicht. Doch in ihrer Relevanz für die Ausprägung einer erfinderischen Denkweise unterscheiden sie sich. Grundlegend sind die Prinzipe Nr. 23 *Umwandlung des Schädlichen in Nützliches* und Nr. 22 *Überlagerung einer schädlichen Wirkung mit einer anderen.* Das kann auch geschehen durch Spaltung des Einheitlichen in entgegengesetzte Komponenten, die sich – zum Beispiel bei thermisch bewirkten Längenänderungen beim berühmten Duncker-Pendel – gegenseitig kompensieren. Leider hatte Altschuller den Psychologen Carl Duncker missverstanden und obendrein dessen geniales Pendel-Syndrom völlig übersehen. Wir kommen in Kapitel 3 darauf zurück.

Nun blicken wir nochmals auf den Kern von ProHEAL, die Matrix, des Beispiels halber 1988 mit Eintragungen für Kraftfahrzeuge versehen (siehe Anhang 1). Nun suche Dir die Kästchen aus, wo Du gängige Parameterwerte erhöhen willst: Ein oder zwei oder auch mehrere. Treibe gängige Parameterwerte (bzw. ihren Kehrwert) in die Höhe. Provoziere Widersprüche. Was meinte Johann Wolfgang Goethe? „Das Gleiche lässt uns in Ruhe, aber der Widerspruch ist es, der uns produktiv macht." Mit ProHEAL werden daraus prägnante Erfindungsaufgaben abgeleitet.

Und nun die vierte Provokation, von mir ausgesprochen auf der Konferenz des Leibniz-Institut für interdisziplinäre Studien LIFIS im November 2016 in Lichtenwalde bei Chemnitz auf der Abschluss-Beratung (jetzt redaktionell präzisiert) – zwei Anmerkungen zu den täglich sichtbaren Leuchtschriften „Innovation" und „Wachstum".

1. Innovationen prägen unser Zeitalter. Da ist ja etwas dran. Aber nur etwas. Ich zitiere aus einem Buch [34, S. 67], das 2018 in Frankfurt und New York erschienen ist und sich auf umfangreiche Literatur stützt, u.a. auf eine Fraunhofer-Studie. In diesem Buch heißt es, „dass ein immer größerer Teil der Patentanmeldungen nicht mehr dadurch motiviert ist, eigene Innovation vor Imitation zu schützen. ... Stattdessen dominiere das Ziel, die Anwendung bestimmter Technologien durch Konkurrenten zu blockieren. ... Oder es werden Verfahren patentiert, denen überhaupt keine Innovation zugrunde liegt. Immer öfter würden Patente nicht *deshalb* angemeldet, um sie zu nutzen, sondern um die Nutzung einer den eigenen Produkten gefährlichen Innovation zu verhindern." Auch deshalb meine ich, dass Altschuller der massenhaften Auswertung von Patentschriften zu viel Bedeutung beigemessen hat.

Und noch ein Wort zum Begriff der *Innovation*: Einer der kreativsten Menschen aller Zeiten, Albert Einstein, ein Humanist, den Kommunisten zugetan, forderte den amerikanischen Präsidenten auf, die Entwicklung der Atombombe administrativ einzuleiten, um damit Hitler zuvorzukommen. Doch die arroganten US-Geheimdienstler hatten gar nicht bemerkt, dass Hitler noch lange vor seiner Atombombe besiegt werden konnte. Eine Innovation! Doch diese Innovation missachtend begann in Los Alamos die Entwicklung von Atombomben. Als der Krieg schon entschieden war, wurde von den USA aus machtpolitischen Gründen auf Hiroshima und Nagasaki je eine Bombe geworfen. Hunderttausende Japaner starben. Der kalte Krieg begann. Diese Innovation hätte verflucht werden müssen.

2. Meine zweite Anmerkung gilt den Leuchtbuchstaben *Wachstum*: Forciert wird wirtschaftliches Wachstum, das die Bewohnbarkeit unserer kosmischen Heimat, unserer Erde, untergräbt. In nördlichen Industrieländern wird Menge und Vielfalt von Konsumgütern und Waffen hemmungslos vergrößert. Schon im 19. Jahrhundert begannen Philosophen und Dichter davor zu warnen: Rousseau, Jean Paul, Karl Marx. Der Dichter Jean Paul [15] erzählt, wie er sich an einen Freund wandte: Kannst Du denn nicht sehen, „dass die Menschen toll sind und schon Kaffee, Tee und Schokolade aus besonderen Tassen, Früchte, Salate und Heringe aus eigenen Tellern, und Hasen, Früchte und Vögel aus eigenen Schüsseln verspeisen. – Sie werden aber künftig, sage ich Dir, noch toller werden und in den Fabriken so viele Fruchtschalen herstellen, als in den Gärten Obstarten abfallen...., und wäre ich nur Kronprinz oder Hochmeister, ich müsste Lerchenschüsseln und Lerchenmesser, Schnepfenschüsseln und Schnepfenmesser haben, ja eine Hirschkeule von einem Sechsender würde ich auf keinem Teller anschneiden, auf dem ich einen Achtender gehabt hätte." Ich füge hinzu: „So leben wir. Die Schränke voll und voller. Dicht und dichter gedrängt verdecken Sachen die Sicht auf Sachen, die schon da sind: Verdeckt, vermisst und abermals gekauft. Man tröstet sich, das Neue sei moderner. ... Bis schließlich nur noch Röcheln ist: Wir können nicht anders. Fahren wir zum Kaufhaus." [32]

Ist das nicht unsere Wirtschaft seit Jahrzehnten? Nichts gegen die Märkte, wir brauchen sie. Sie werden durch mittelständische, genossenschaftliche, gemeinnützige Unternehmen belebt. Doch das Gerüst unbegrenzter Marktwirtschaft strebt Richtung Hölle, und das hat längst neue Widersprüche hochgepuscht. Beunruhigt sind Mitbürger christlichen Glaubens, Naturfreunde, Nichtregierungsorganisationen sowie einige Linke und Grüne. Bei Attac gibt es eine Arbeitsgruppe *Transformation statt Wachstum*. Ich war Mitbegründer. Doch Techniker sind kaum dabei. Techniker lassen sich vom herrschenden Kapital missbrauchen und helfen, unsere kosmische Heimat Erde unbelebbar zu machen.

Was tun wir nun mit den extensiven Texten zu TRIZ? Altschuller hatte in einem Land gewirkt, in dem noch manches fehlte, was uns im Westen längst Gewohnheit war. Auch in Asien und Afrika fehlt es an vielem. Muss aber in Entwicklungsländern alles wie in nördlichen Industrie-Ländern geraten? Deshalb ist *Transformation statt Wachstum* anzusagen, eine Kiste mit vielen Problemen, mit Widersprüchen, vor denen wir alle stehen. Wir müssen sie erkunden. Mit ProHEAL und seiner ABER-Matrix sind viele Probleme direkt ansprechbar.

Wenn wir trotzdem Freunde von TRIZ sein möchten, müssen wir auch diese Widersprüche erkunden. Ingenieure – widersteht dem Wachstums-Wahn! TRIZ darf nicht missbraucht werden. Wir wollen keine Sklaven des großen Kapitals sein. Lasst uns überlegen: Wie muss TRIZ genutzt werden, um unsere kosmische Heimat zu sichern? TRIZ im Rucksack und ProHEAL im Kopf. Für eine menschenfreundliche, uns allen zuträgliche, friedliche Welt, und nicht für Wachstum, Waffen und Kaufhäuser. Schon wieder steckte ein Riesen-Katalog in meinem Briefkasten: Was es alles Neues gibt auf der Welt. Das meiste aber ist Unsinn, den man nicht braucht. Und der Gipfel aller Angebote: Modelle der jüngeren und der neuesten Kriegs-Panzer samt Übungsmunition.

Es lebe die Demonstration auf der Straße. Es lebe das Brot und es lebe der Wein.

Rainer Thiel, Storkow, im September 2020

Baustein KDT-Erfinderschule. Lehrbrief 2

Die folgenden zwei Kapitel enthalten eine Reproduktion der beiden
Teile

A. Programm zum „Herausarbeiten von Erfindungsaufgaben und
   Lösungsansätzen in der Technik" – Erfindungsprogramm der
   KDT-Erfinderschulen (Kapitel 3)

B. Erfindungsmethodische Arbeitsblätter (Kapitel 4)

der Quelle [20]. Teil A enthält den Programmablaufplan von Pro-
HEAL, eine deutliche Variation des Altschullerschen Algorithmus
ARIZ-77, der in [2, S. 266 ff.] als Schrittfolge dargestellt ist. Pro-
HEAL wird in ähnlicher Weise als eine solche Schrittfolge in Form
einer längeren Liste von Fragen entwickelt.

Im Kapitel 6 ist der Anhang zu Teil A reproduziert, in dem die drei
wichtigsten Neuerungen von ProHEAL – die konsequente Entfaltung
einer technisch-ökonomischen Stufe im ARIZ, das Wegemodell sowie
eine Darstellung einer (technisch-ökonomischen) ABER-Matrix an
einem Beispiel – in Kurzform zusammengefasst sind.

Dem Text ist die folgende **Danksagung** der Autoren Hans-Jochen
Rindfleisch, Rainer Thiel und Gerhard Zadek vorangestellt:

> *Zum Gelingen dieses Lehrmaterials haben durch förder-*
> *liche Hinweise Teilnehmer und Trainer der KDT-Erfin-*
> *derschulen, Mitglieder der AG(Z) „Erfindertätigkeit und*
> *Schöpfertum" sowie Dr. E. Heyde, AfEP, und Dr.-Ing.*
> *H.-J. Linde, VEB Ingenieurbüro und Mechanisierung*
> *Gotha beigetragen.*

3 KDT-Lehrbrief Teil A. Programm zum *Herausarbeiten von Erfindungsaufgaben und Lösungsansätzen in der Technik –* Erfindungsprogramm

Inhaltsverzeichnis

A.1. Das gesellschaftliche Bedürfnis. Vorläufige Systembenennung

Das auftragsgemäß zu erneuernde technische System und seine Unterstellung unter gesellschaftliche Bedürfnisse – die technisch-ökonomische Zielstellung.

1.1. Welche Funktion soll das technische System erfüllen? In welchen übergeordneten Nutzungsprozess soll diese Funktion eingebunden sein? Benutze zum Aufzeichnen die Black-box-Darstellung.

1.2. Welchem speziellen Bedürfnis der Gesellschaft (bzw. des Exportkunden) soll dieser übergeordnete Nutzungsprozess dienen? Welche Gebrauchseigenschaften und Eignungsmerkmale dieses Systems sind notwendig und hinreichend, damit es dem übergeordneten Nutzungsprozess besser als bisher entspricht? Welches spezielle Bedürfnis kommt darin zum Ausdruck? Welche Nutzungsprozesse sind im In- und Ausland bekannt, die einem vergleichbaren Bedürfnis dienen?

1.3. Analysiere Literatur, Patente, Forschungsberichte, Marktinformationen, Reiseberichte.

1.4. Wie lange gibt es das spezielle Bedürfnis schon? Wie hat es sich entwickelt? Welche Bedingungen für die Verwendung und welche Anforderungen an die Gebrauchseigenschaften und Eignungsmerkmale haben sich mit der Entwicklung des Nutzungsprozesses verändert? Zeige mögliche Tendenzen der weiteren Entwicklung auf. Lässt sich eine Tendenz finden, die bisher nicht gesehen wurde?

1.5. Mit welcher Hauptfunktion erfüllt das zu erneuernde technische System seinen spezifischen Zweck im übergeordneten Nutzungsprozess? Welche seiner Gebrauchseigenschaften sind dafür kennzeichnend? Welchen Anforderungen und Bedingungen müssen sie genügen?

1.6. Welche *allgemeinen*, übergreifenden *gesellschaftlichen* Bedürfnisse sind zu beachten? Warum sind sie entstanden? Wie haben sie sich entwickelt? Wie werden sie sich voraussichtlich entwickeln? Welche Restriktionen in bezug auf die Nutzung von Ressourcen und welche Erwartungen in bezug auf den Nutzungseffekt ergeben sich daraus?

1.7. Welche **A**nforderungen, **B**edingungen, **E**rwartungen und **R**estriktionen (ABER) bestimmen die erforderliche Entwicklung der *gesellschaftlichen* Effektivität des technischen Systeme? Nenne die ABER vollständig und begründe sie. Prüfe, ob sie nicht aus subjektiven Auffassungen oder Vorurteilen resultieren. Welches Entwicklungsziel folgt aus den ABER?

1.8. Welche spezifischen ABER bestimmen die Zielgrößenkomponenten

- Zweckmäßigkeit (Z1)
- Wirtschaftlichkeit (Z2)
- Beherrschbarkeit (Z3)
- Brauchbarkeit (Z4)

des zu schaffenden technischen Systems als Ganzes? (Zielgrößen-Matrix)

1.9. Welche Prioritäten ergeben sich aus den ABER für die einzelnen Merkmale des auftragsgemäß zu erneuernden technischen Systems, die den vier Zielgrößen-Komponenten zugeordnet sind?

1.10. Welche Zusammenhänge zwischen diesen Merkmalen bzw. Eigenschaften – kooperative oder gegenläufige – lassen sich in der Zielgrößen-Matrix abheben?

A.2. Stand der Technik, Vorauswahl und System-Analyse einer Start-Variante. Bedürfnisgemäße Variation der Systemparameter.

2.1. Welches ist das für die Realisierung der Zielgröße am besten geeignete *technisch-technologische Prinzip*?

a) Untersuche die auf dem Stand der Technik bekannten Prinzipien der Herstellung und/oder Nutzung technischer Objekte aus deinem Technologie-Bereich auf Eignung in bezug auf die ABER. Wähle das technisch-technologische Prinzip,

   - das dem Zweck des zu schaffenden technischen Systems (Zielkomponente Z1) am meisten entspricht,
   - mit dessen Anwendung voraussichtlich nicht oder vergleichsweise wenig gegen Anforderungen und Restriktionen verstoßen wird und
   - das die Bedingungen und Erwartungen ohne wesentlichen Zusatzaufwand zu erfüllen vermag.

   Hierbei sind die verfügbaren und alle machbar erscheinenden Mittel und Verfahren auf dem Stande der Technik in Betracht zu ziehen.

b) Ist ein technisch-technologisches Prinzip mit der Aufgabenstellung verbindlich vorgegeben, so überprüfe es auf seine Eignung und vergleiche es mit anderen bekannten Prinzipien. Nimm gegebenenfells Rücksprache mit dem Auftraggeber.

c) Ist ein geeignetes technisch-technologisches Prinzip im eigenen Technologie-Bereich nicht auffindbar, ist die Suche auf weitere, auch fern liegende Bereiche auszudehnen.

d) Formuliere *technisch-ökonomische Parameter* (Effektivitätsparameter) so, dass sie dem technisch-technologischen Prinzip gemäße Messgrößen für die Eigenschaften sind, welche durch die Zielgrößenkomponenten gefordert werden.

2.2. Welche Arten von Objekten müssen in Betracht gezogen werden, um das technische System dem technisch-technologischen Prinzip entsprechend nutzbar zu machen?

a) Welche Gebrauchseigenschaften müssen die Vertreter der einzelnen Objektarten haben, damit sie entsprechend Z1 für die Verwendung im technischen System geeignet sind?

b) Welche Objektart trägt am meisten zu den Effektivitäts- und Eignungsmerkmalen des technischen Systems bei?

c) Können weitere Objektarten mit spezifischen Gebrauchseigenschaften in Betracht gezogen werden, um allen notwendigen Eignungs- und Effektivitätsmerkmalen des technischen Systems hinreichend im Hinblick auf Z3 und Z4 Rechnung tragen zu können?

2.3. Welche Hauptfunktion hat der Nutzungsprozess des technischen Systems?

a) Mit welcher notwendigen Teilfunktionen ist die Hauptfunktion gemäß technisch-technologischem Prinzip zu verwirklichen?

b) Durch welche Teilfunktionen werden welche Objekte auf welche Weise in den Nutzungsprozess einbezogen?

c) Wie werden dadurch ihre Gebrauchseigenschaften aktiviert?

d) Gibt es eine Teilfunktion, durch die besonders viele Objekte in den Prozess einbezogen und aktiviert werden?

e) Gibt es Objekte, welche durch mehrere Teilfunktionen auf unterschiedliche Weise in den Prozess einbezogen werden?

f) Durch welche notwendigen Funktionseigenschaften lässt sich die prozessgerechte Wirkungsweise und durch welche Struktureigenschaften lässt sich der erforderliche Aufbau und die zweckmäßige Anordnung der einzelnen Objekte (technischen Mittel) kennzeichnen?

2.4. Welche für den Nutzungsprozess gemäß (2.3) geeigneten technischen Mittel sind zu den einzelnen Objektarten gemäß (2.2) auf dem Stand der Technik verfügbar oder bekannt?

a) Gibt es ein technisches System auf dem internationalen Stand der Technik, welches die notwendigen Eignungsmerkmale gemäß Z1, Z3, Z4 prinzipiell besitzt? Ist dieses System verfügbar? Wähle dieses System als Referenzvariante, auch wenn es nicht auf dem gewählten technisch-technologischen Prinzip beruht.

b) Welche der einzelnen erforderlichen Mittel gemäß (2.3.f) gibt es auf dem Stand der Technik? Welche sind verfügbar? Welche sind machbar?

c) Welche gemäß (2.3.f) notwendigen technischen Mittel sind auf dem Stand der Technik weder verfügbar noch bekannt?

d) Wie wären technische Mittel gemäß (2.4.c) auf dem Stand der Technikwissenschaften denkbar?

e) Welche der in Betracht gezogenen technischen Mittel lassen sich aufgrund ihrer Mittel-Wirkungs-Beziehungen miteinander zu einer Basisvariante verknüpfen? (Eventuell morphologisches Schema)

f) Welche funktionalen Anforderungen, welche strukturellen Bedingungen sowie naturgesetzmäßigen Einflüsse und Restriktionen (ABER) sind dabei zu berücksichtigen?

g) Bei welchen neuartigen technischen Mitteln treten demgemäß die meisten Unvereinbarkeiten auf? Bei funktionsbestimmenden oder bei untergeordneten technischen Mitteln?

h) Worin bestehen diese Unvereinbarkeiten? Lassen sie sich durch Verlagerung auf untergeordnete technische Mittel und geeignete Variation ihrer Funktions- und Struktureigenschaften beheben?

2.5. Welche technisch-ökonomischen Mängel bzw. technisch-ökonomischen Defekte besitzt die mit bekannten technischen Mitteln bestenfalls erreichbare Basisvariante?

a) In welchen der technisch-technologischen Eignungsmerkmalen weicht die bevorzugte Basisvariante von der Zielgröße voraussichtlich am stärksten ab?

b) In welchen technisch-ökonomischen Hauptleistungsdaten weicht sie voraussichtlich von der Sollgröße am stärksten ab?

c) In welchen Eignungs- und Effektivitätsmerkmalen ist die Basisvariante der Referenzvariante prinzipiell überlegen?

d) Welche neuen technischen Mittel sind notwendig und denkbar, um mit der Basisvariante die Sollgröße zu erreichen und die Referenzvariante in allen Hauptleistungsdaten zu übertreffen?

e) Wie lautet die technisch-ökonomische Zielstellung der notwendigen technischen Entwicklung?

f) Welcher Hauptleistungsparameter liegt ihr als Führungsgröße zugrunde?

2.6. Fasse das technische System, das die Zielgröße realisieren soll, insgesamt als Black Box auf. Mit welchen Eingängen und Ausgängen realisiert das technische System in der gewählten bzw. vorgefundenen Ausführungsform das spezielle gesellschaftliche Bedürfnis?

Beschreibe die Ein- und Ausgangsgrößen in auftragsgemäßen Bestimmungen der Art, der Zusammensetzung, der Struktur und des Zustandes von Stoff, Energie und Information.

2.7. Durch welches Verfahrensprinzip wird bei der gewählten Basisvariante die zweckbestimmte Eingangs/Ausgangsrelation (Überführungsfunktion) realisiert?

a) Welches sind die funktionellen Merkmale der wesentlichen Teilsysteme zur Realisierung der Hauptfunktion?

b) Welche notwendigen Zwischenstadien der Eingangs-Ausgangs-Transformation der Zustandsgrößen von Stoff, Energie und Information sind zu erzielen?

2.8. Welche technischen Wirkprinzipe liegen bei der Basisvariante der Hauptfunktion zugrunde?

a) Untersuche das technische Wirkprinzip jeder einzelnen Elementarfunktion:

   – Durch welchen Operator soll welche Einwirkung (welche Operation) auf welches Objekt (Operand) ausgeübt werden?
   – Welche Rückwirkung (Gegenoperation) ist dafür erforderlich und durch welchen Gegenoperator wird sie hervorgerufen?
   – Welche Auswirkungen ergeben sich aus dem Zusammenwirken von Operator und Gegenoperator und wie werden sie hervorgerufen?

– Welche Auswirkungen ergeben sich aus dem Zusammenwirken von Operator und Gegenoperator in dem zu verändernden Objekt?

b) Kennzeichne Art und Weise der konstruktiven bzw. verfahrenstechnischen Verknüpfung der (elementaren) Funktionseinheiten zur Struktureinheit der Hauptfunktion.

c) Konfrontiere die technische Wirksamkeit – den Funktionswert – der einzelnen Elementarfunktionen und der Hauptfunktion als Ganzes mit den Anforderungen an die Gebrauchseigenschaften des technischen Systems.

2.9. Enthält das technische System für den vorgesehenen Verwendungszweck überflüssige Elementarfunktionen?

2.10. Welche Nebenwirkungen der Hauptfunktion treten auf bzw. sind bei vorgesehenen technisch-technologischen Maßnahmen zu erwarten?

a) Untersuche die einzelnen Elementarfunktionen in der Wirkungskette der Hauptfunktion und die ihnen zugrunde liegenden Wirkprinzipe auf technisch und/oder naturgesetzlich bedingte Nebenwirkungen.

b) Unterscheide dabei nützliche, verfügbare und schädliche, zu unterdrückende Nebenwirkungen.

2.11. Wodurch sind die Nebenwirkungen verursacht?

a) Welches sind die konstruktiv bzw. technologisch und die naturgesetzlich determinierten Anforderungen, Bedingungen, Einflüsse und Restriktionen (ABER), auf Grund derer die Nebenwirkungen entstehen bzw. nicht ohne Weiteres unterdrückt werden können?

Diese ABER ergeben sich für ein technisches Gebilde aus den technisch-konstruktiven Merkmalen seines Aufbaus und/oder den technisch-technologischen Merkmalen seiner Herstellung, und für ein technisches Verfahren aus den technisch-technologischen Merkmalen seines Ablaufs und/oder den technisch-konstruktiven Merkmalen des Aufbaus des mit ihm herzustellenden technischen Gebildes.

b) Konfrontiere die Nebenwirkungen und den Grad ihrer Nutzung bzw. Unterdrückung mit den gesellschaftlich-ökonomischen Anforderungen, den Restriktionen, Erwartungen und Bedingungen (ABER), welche sich aus den übergreifenden gesellschaftlichen Bedürfnissen ergeben.

c) Ermittle die nachteiligste Nebenwirkung.

2.12. Gibt es technische Mittel (Operatoren) zur Realisierung der Hauptfunktion, für die international bereits andere Wirkprinzipe genutzt werden?

2.13. Welche Anforderungen, Bedingungen und Restriktionen gesellschaftlich-ökonomischer, technisch-technologischer und/oder schutzrechtlicher Art behindern die Einführung international bekannter Lösungen in das technische System?

2.14. Untersuche die Funktionseinheiten des technischen Systems, ob sie Nebenfunktionen enthalten, die geeignet sind, Nebenwirkungen besser nutzbar zu machen oder schädliche Nebenwirkungen zu unterdrücken oder sogar in nützliche zu verwandeln.

2.15. Welches Verhalten des technischen Systems ist zu erwarten, wenn Werte der technisch ökonomischen Parameter erhöht werden?

a) Variiere die Werte jedes einzelnen technisch-ökonomischen Parameters gemäß technisch-ökonomischer Zielstellung bis an die im

Auftrag geforderten Grenzwerte und darüber hinaus. Beachte dabei die Rangfolge in der gesellschaftlich-ökonomischen Wichtung der Parameter der Zielgröße Z.

b) Untersuche, welche technischen Systemparameter-Leitgrößen, also Führungsgröße, Strukturgröße, Wirkgröße, dazu in welcher Richtung und in welchem Maße verändert werden müssten.

c) Untersuche, ob dann die technisch-technologische Wirksamkeit der einzelnen Elementarfunktionen in der Wirkungskette der Hauptfunktion den ABER gemäß gewährleistet bleibt, oder ob schädliche Effekte und damit technisch-ökonomische Widersprüche entstehen.

d) Untersuche, welche Elementarfunktion auf Grund ihres Wirkprinzips und/oder auf Grund der vorliegenden ABER die Verbesserung der Parameterwerte primär begrenzt.

e) Untersuche, wie sich das Verhältnis von Haupt- und Nebenwirkungen (bezogen auf jede einzelne Elementarfunktion und auf das gesamte technische System) mit der Variation der technisch-ökonomischen Parameter verändert. Stelle fest, ob die schadlichen Nebenwirkungen durch die Nutzung vorhandener Nebenfunktionen besser beherrscht werden können.

A.3. Das Operationsfeld des Erfinders

3.1. Welche Teilsysteme (Baugruppen, Bauteile, Verfahrensstufen, Verfahrensschritte) des technischen Systems sind aufgrund von gesellschaftlich-ökonomischen Restriktionen und technisch-technologischen Bedingungen einer Veränderung nicht zugängig und daher der technisch-technologischen Umgebung zuzuordnen?

3.2. Welche stofflichen, energetischen und/oder informellen Komponenten des technisch-technologischen Umfeldes können bzw. müssen in die Systembetrachtung mit einbezogen werden?

Untersuche, ob es bestimmte Komponenten der technisch-technologischen Umgebung des Systems oder sogar des gesellschaftlichen Obersystems gibt, die als Operatoren in der Wirkungskette der Hauptfunktion oder die im Sinne der Nebenfunktion genutzt werden können.

3.3. Grenze das technische System bzw. die entsprechende Basisvariante auf die Fragen (3.1) und (3.2) neu ab. Bestimme seine Aus- und Eingangsgrößen, seine Hauptfunktion sowie die ihm zugehörigen technisch-technologischen Bedingungen entsprechend neu.

3.4. Welches Teilsystem stellt für die Erhöhung der Werte der technisch-ökonomischen Parameter eine primäre Barriere im Sinne des gesellschaftlichen Bedürfnisses dar?

a) Stelle fest, zu welchem Teilsystem (Baugruppe, Bauteil, Verfahrensstufe, Verfahrensschritt) das effektivitätsbegrenzende technische Mittel (Operator) gehört bzw. in welchem Teilsystem sich das Verhältnis von Haupt- und Nebenwirkung bei Erhöhung der Werte von Haupt- und Nebenwirkung bei Erhöhung der Werte von technisch-ökonomischen Parametern am stärksten zu Ungunsten der Hauptwirkung verändert.

b) Bestimme die Ein- und Ausgangsgrößen dieses Teilsystems und stelle die Wirkungskette seiner Elementarfunktion dar.

A.4. Der technisch-ökonomische Widerspruch

4.1. Untersuche, wie die technisch-ökonomischen Parameter der Zielgröße bei dem in Betracht gezogenen Stand der Technik (Basisvariante) durch das ihnen zugrunde liegende System der technisch-technologischen Parameter der Basisvariante miteinander verknüpft sind. Bestimme den technisch-technologischen Parameter des technischen Systems, der den stärksten Einfluss auf die technisch-ökonomische Effektivität gemäß der Zielgröße hat. Wähle ihn als Führungsgröße.

4.2. Lässt sich durch Variation der Werte der Führungsgröße das erforderliche Wachstum aller technisch-ökonomischen Parameter erzielen? Oder ist das erforderliche Wachstum einzelner Parameter nur bei Abnahme anderer technisch-ökonomischen Parameter erreichbar?

a) Stelle die Entwicklung der technisch-ökonomischen Effektivität des zu betrachtenden technischen Systems als Funktion der Verbesserung seiner technisch-ökonomischen Parameter dar. Gewährleiste, dass dabei die Interessen der Volkswirtschaft insgesamt zum Ausdruck kommen.

b) Zeige, dass unter dem Gesichtspunkt der zu steigernden Effektivität die Entwicklung technisch-ökonomischer Parameter widersprüchlich geworden ist (Widersprüche *zwischen* Parametern hinsichtlich ihres Beitrags zur Effektivitätssteigerung und Widersprüche zwischen den Konsequenzen der Entwicklung des einen oder anderen Parameters):

– Nenne die Parameter, deren Einfluss auf das Effektivitätswachstum sich zunehmend spaltet in einander entgegengesetzte Einflüsse (innerer Widerspruch in der Entwicklung eines technisch-ökonomischen Parameters).

– Nenne die Paare von technisch-ökonomischen Parametern, deren Entwicklung derart voneinander abhängig ist, dass die Verbesserung der Werte des einen Parameters zwangsläufig zur

Verschlechterung der Werte des anderen führt (äußere Widersprüche zwischen technisch-ökonomischen Parametern).

c) Untersuche, ob sich die widersprüchliche Entwicklung eines Parameters oder Parameterpaares besonders ungünstig auf die auftragsgemäße Effektivitätsentwicklung auswirkt.

4.3. Warum ist das technisch-ökonomische Problem besonders jetzt aktuell?

a) Versuche, Dir einen Überblick über die zurückliegende technisch-ökonomische Entwicklung und ihre Ursachen zu verschaffen, soweit sie das zu betrachtende technische System betrifft.

b) Versuche, von dorther die Notwendigkeit der technisch-ökonomischen Zielstellung (die objektive technisch-ökonomische Problemlage) als Resultat einer Zuspitzung zu verdeutlichen.

   – Zeige, dass eine Abflachung der Entwicklungskurve der technisch-ökonomischen Effektivität des betrachteten technischen Systems vorliegt oder zu erwarten ist.
   – Zeige, dass diese Abflachung auf die Wirkung eines maßgebend hervortretenden technisch–ökonomischen Widerspruchs und auf Abnahme der Möglichkeiten zu einer Abschwächung durch kompromissbildende, optimierende Maßnahmen (Auslegungen, Dimensionierungen) zurückzuführen ist.

c) Prüfe, welche ABER in Zukunft noch an Gewicht gewinnen. Prüfe, ob aufgrund des wissenschaftlich-technischen Fortschritts im technisch-technologischen Umfeld hinsichtlich einiger Widersprüche in Kürze mit Entspannung statt Zuspitzung zu rechnen ist.

4.4. Welcher der ermittelten Widersprüche hat eine Schlüsselstellung für die Lösung bzw. Abschwächung aller anderen Widersprüche? Formuliere den technisch-ökonomischen Hauptwiderspruch.

A.5. Der schädliche technische Effekt (stE)

5.1. Welche der Beziehungen zwischen Führungsgröße und dem System der technisch-technologischen Parameter ist für die Entstehung der technisch-ökonomischen Hauptwidersprüche die entscheidende?

a) Welcher technisch-ökonomische Parameter würde sich bei zielgemäßer Variation der gewählten Führungsgröße rückläufig verhalten? Gibt es mehrere solcher Parameter?

   Beschreibe diesen unerwünschten technisch-ökonomischen Effekt einerseits nach der Art des rückläufigen technisch-ökonomischen Parameters. Beschreibe ihn andererseits nach den kausalen technischen Zusammenhängen, die zwischen dem Verhalten des rückläufigen technisch-ökonomischen Parameters und der Führungsgröße bestehen.

b) Schließe hieraus auf den kritischen Bereich der Entwicklung des technischen Systems („Entwicklungsschwachstelle", kritischer Funktionsbereich), in dem derjenige schädliche technische Effekt (stE) erzeugt wird, in dessen Folge der unerwünschte technisch-ökonomische Effekt in Erscheinung tritt.

c) Wie würden sich die Verhältnisse bei Wahl einer anderen Führungsgröße ändern?

5.2. Ist es im Wesentlichen *ein* Teilsystem, das die „Entwicklungsschwachstelle" enthält?

Beschreibe die Kette derjenigen Wirkungen, die von strukturellen und/oder funktionellen Eigenschaften dieses Teilsystems ausgehend den unerwünschten technisch-ökonomischen Effekt hervorrufen. Gehe aus von den durchgeführten Systemanalysen (besonders Abschnitt (2.8), bezogen auf den kritischen Funktionsbereich).

5.3. Sind es zwei oder mehr Teilsysteme, auf deren Zusammenwirken der technisch-ökonomische Widerspruch zurückgeführt werden kann? Beschreibe die Kette derjenigen Wirkungen, die von Eigenschaften dieser Teilsysteme und deren Kopplung ausgehen und einen unerwünschten technisch-ökonomischen Effekt entstehen lassen. Gehe aus von den durchgeführten Systemanalysen (besonders Abschnitt (2.8), bezogen auf den kritischen Funktionsbereich).

5.4. Ist der schädliche technische Effekt (stE) mit vorhandenen Mitteln behebbar? Prüfe, ob er vielleicht durch Betriebsblindheit entstanden war. Garantiere, dass die etwaige Inanspruchnahme von Mitteln zur Behebung der Entwicklungsschwachstelle und damit des schädlichen technischen Effekts (stE) nicht dazu führt, dass ein anderer ins Gewicht fallender Effekt entsteht, der den ABER gemäß unzulässig ist. Setze dann oder im Zweifelsfall die Analyse gemäß Abschnitt 6 fort.

A.6. Das IDEAL, Anstoß und Orientierung zu vertiefter Systemanalyse

6.1. Welches Verhalten oder welche Eigenschaften müsste das Teilsystem oder müssten die Teilsysteme aufweisen, damit ein schädlicher technischer Effekt im technischen System nicht auftritt?

a) Stelle Dir das Teilsystem oder die Teilsysteme, von denen der stE ausgeht, in ihrem Verhalten und/oder in ihrem Zusammenwirken so vor, dass die schädlichen Auswirkungen auf technisch-ökonomische Parameter des Systems nicht mehr auftreten. Lass dabei Strukturen und Wirkprinzipien zunächst unverändert.

b) Nenne die Voraussetzungen, die bestehen müssten, damit das ideale Teilsystem oder das ideale Zusammenwirken zustande kommen kann.

Diese vorgestellten Voraussetzungen können technischer, technologischer oder naturgesetzlicher Art sein.

Beachte, dass jenes ideale Teilsystem oder das ideale Zusammenwirken vorerst nur als fiktive Anordnung zur Verhinderung des stE gedacht ist.

Nimm im Augenblick keinen Anstoß daran, dass unter den Idealvorstellungen die Hauptfunktion und/oder die Herstellung des technischen Systems aus technisch-naturwissenschaftlicher Sicht vorerst infrage gestellt sein wird.

6.2. Welche ABER stehen den Idealvorstellungen im Wege? Sind sie im Hinblick auf die Hauptfunktion und/oder die Herstellung des technischen Systems (Basisvariante) irreal? Warum?

a) Nenne die für das Funktionieren oder das Herstellen des technischen Systems wichtigen Eigenschaften, welche die für das Funktionieren oder das Herstellen des technischen Systems notwendigen technischen Anforderungen und Bedingungen sowie naturgesetzlichen Einflüsse und Restriktionen (ABER) beschreiben, die sich im Widerspruch zu den Idealvorstellungen befinden.

b) Versuche jetzt, die gemäß (6.1.b) vorgestellten Voraussetzungen so zu denken, als wären sie real, wiederum ohne dabei auch nur in Gedanken an den Wirkprinzipien oder Strukturen des technischen Systems etwas zu ändern. Schwäche nun in Gedanken die

Idealvorstellungen schrittweise so weit ab, dass der schädliche technische Effekt gerade noch nicht in Erscheinung tritt.

c) Stelle fest, ob und wieso auch die auf diese Weise modifizierten Idealvorstellungen immer noch mit der Funktion und/oder Herstellung des realen technischen Systems (der Basisvariante) unvereinbar sind.

d) Kennzeichne diese systemspezifischen Unvereinbarkeiten unter Hinweis auf Zusammensetzung, Struktur und/oder Information sowie unter Hinweis auf Naturgesetze, die für die Wirkung der systemspezifischen Stoffeigenschaften und/oder Wirkprinzipe relevant sind.

6.3. Welche Eigenschaften des technischen Systems treten in erster Linie als eine Störung des Ideals in Erscheinung?

a) Benenne die störenden Merkmale der Entwicklungsschwachstelle, die dem Ideal des Systems entgegenstehen, oder zwei sich gegenseitig ausschließende ideale Eigenschaften.

b) Bilde in sich widersprüchliche, paradoxe Begriffe, welche die störende reale Eigenschaft und die erstrebte ideale Eigenschaft oder die sich gegenseitig ausschließenden idealen Eigenschaften des technischen Systems in einer semantischen Einheit zum Ausdruck bringen.

(Z.B. schwingende Ruhe, schreiende Stille, sprunghafte Beharrlichkeit, rasendes Rendezvous). Versuche hierzu das technische System in seinen phänomenologischen Eigenschaften zu personifizieren, ihm einen „Willen" oder eine „Absicht" zu unterstellen, als ob es dem Idealzustand trotz seiner Unzulänglichkeit zustrebe.

6.4. Lässt sich das technische System so denken, dass es im idealen Endresultat den schädlichen technischen Effekt in der „Entwicklungsschwachstelle" von selbst ohne Aufwand beseitigt bzw. das Ideal von selbst, ohne Aufwand, erreicht?

a) Formuliere das ideale Endresultat.

b) Versuche zu erreichen, dass die Formulierung des idealen Endresultats die Wörter „von selbst" enthält. Versuche, hierzu verfügbare Nebenfunktionen auszunutzen.

6.5. Entspricht die Formulierung des idealen Endresultats den zuvor herausgearbeiteten ABER gemäß (6.2.b)?

Gewährleiste, dass die Vorstellung des idealen Endresultats die (vorgestellte) Lösung des technisch–ökonomischen Widerspruchs ergibt.

A.7. Der technisch-technologische Widerspruch (ttW)

7.1. Welche Struktureigenschaften und/oder Wirkprinzipe des technischen Systems sind im Verlaufe seiner historischen Entwicklung zunehmend zur Grundlage des Widerspruchs zwischen dem Ideal und den ihm entgegenstehenden Systemmerkmalen (vgl. (6.3)) geworden?

a) Gehe von den gemäß Abschnitten (2.1–2.6) festgestellten strukturellen, funktionellen und phänomenologischen Eigenschaften des technischen Systems aus, die im Hinblick auf die technisch–ökonomische Zielstellung schädlich sind.

Suche sie zu verstehen als Ergebnis eines historischen Prozesses, der durch die Grundstruktur und das funktionstragende Wirkprinzip des technischen Systems einerseits und die langzeitige Effektivitätsentwicklung andererseits bestimmt war.

b) Unterscheide dabei Phasen der nur dimensionierenden Ausreifung und des Eintretens in qualitativ neue Entwicklungsphasen.

c) Untersuche, in welchem Maße bzw. auf welche Weise die einzelnen Teilsysteme an dieser Entwicklung beteiligt waren.

d) Stelle fest, ob hierbei

- Disproportionen im Zusammenwirken von Teilsystemen oder im Verhältnis von Haupt- und Nebenwirkungen bzw. Haupt- und Nebenfunktionen hervorgerufen
- und natürliche Grenzen des Wirkprinzips einer oder mehrerer der bereits als kritisch erkannten Teilfunktionen oder Teilsysteme erreicht worden sind.

e) Formuliere das technisch-wissenschaftliche Problem, das dem Auftrag zugrunde liegt. Beantworte, warum es erst jetzt aktuell geworden ist und früher nicht in Erscheinung trat.

7.2. Auf welchem technisch-technologischen Widerspruch beruht das technische Problem?

a) Interpretiere den schädlichen technischen Effekt (stE) als die technische Folge derjenigen technisch-naturgegebenen Anforderungen, Bedingungen, Einflüsse und Restriktionen (ABER) im entwicklungsbedingt kritischen Funktionsbereich (in der „Entwicklungsschwachstelle") des technischen Systems, die eine Realisierung des Ideals objektiv ausschließen. Berücksichtige dabei (6.3).

b) Entwickle technisch-naturwissenschaftliche Modellvorstellungen oder Arbeitshypothesen zur Erklärung derjenigen ABER, die dem Ideal entgegenstehen.

Überprüfe zunächst im Gedankenexperiment Deine Vorstellung über die kausalen Zusammenhänge, die dem schädlichen technischen Effekt zugrunde liegen. Bestimme die Prämissen und Ungewissheiten Deiner Modellvorstellung und leite daraus ein Versuchsprogramm zu ihrer experimentellen und/oder theoretischen Prüfung ab. Achte vor allem auf Ergebnisse, die Deinen bisherigen Vorstellungen oder der fachgerechten Erwartung widersprechen. Füge sie logisch widerspruchsfrei in Deine Modellvorstellung ein. Überprüfe zuvor, dass sie nicht auf einem experimentellen oder mathematischen Irrtum beruhen.

Suche zu erkennen, ob ein technisch-technologischer Widerspruch objektiv vorhanden ist. Entsteht bei dem Versuch, einen schädlichen technischen Effekt zu beheben, aufgrund der ABER ein anderer?

7.3. Welche einander ausschließenden, aber notwendigen Forderungen bilden den technisch-technologischen Widerspruch? Formuliere den technisch-technologischen Widerspruch (den Kern des technischen Problems) als Verhältnis der beim Verfolgen des idealen Endresultats sich einander erfordernden und gleichzeitig einander ausschließenden Komponenten des technischen Systems.

Diese im Verhältnis des dialektischen Widerspruchs stehenden Komponenten können sein:

- zwei technisch-technologische oder konstruktive (geometrische) Eigenschaften eines Bauelements, das in zwei unterschiedliche Teilfunktionen eingebunden ist;
- je eine technisch-technologische und/oder konstruktive Eigenschaften von zwei unterschiedlichen Bauelementen eines Teilsystems;

- je eine funktionelle und/oder strukturelle Eigenschaft zweier miteinander unmittelbar verketteter Teilsysteme;
- Haupt- und Nebenwirkung eines Teilsystems;
- Hauptwirkung und Nebenwirkung verschiedener Teilsysteme;
- Hauptfunktionen zweier Teilsysteme;
- eine Nebenfunktion und die Hauptfunktion des Systems.

Stelle den strukturellen und/oder funktionellen Erfordernissen der einen Komponente die entsprechenden Erfordernisse der anderen Komponente gegenüber. Nimm diese in die Formulierung des technischen Widerspruchs auf.

7.4. Stehen die Mittel zur Aufhebung des technischen Widerspruchs problemlos zur Verfügung?

Prüfe, ob das Bestehen des technisch-technologischen Widerspruchs auf einem Vorurteil der Fachwelt in Bezug auf die Notwendigkeit bestimmter ABER des technischen Systems zurückführbar ist.

A.8. Der technisch-naturgesetzmäßige Widerspruch (tnW)

8.1. Welche naturgesetzlichen Unvereinbarkeiten werden sichtbar, wenn versucht wird, den technisch-technologischen Widerspruch verschwinden zu lassen?

a) Formuliere das naturgemäße (physikalische, chemische, biologische) Verhalten oder die naturgemäßen stofflichen Eigenschaften oder die geometrische Struktur jeder der beiden Komponenten des technisch-technologischen Widerspruchs fiktiv so,

  - dass ihre naturgesetzliche Unvereinbarkeit mit der jeweils anderen Komponente prägnant hervortritt

- und zugleich so, dass die sowohl-als-auch-Realisierung beider Komponenten das ideale Endresultat – zunächst fiktiv – bedeuten würde.

b) Beschreibe den technisch-naturgesetzlichen Widerspruch als ein Paar sich ausschließender Forderungen an

- naturgemäße Eigenschaften eines Stoffes,
- Naturvorgänge und/oder Naturzustände,
- geometrische Strukturen.

8.2. Welche naturwissenschaftlich beschreibbare Paarung einander entgegengesetzter Wirkungen wurde bisher ignoriert, die den technisch-technologischen Widerspruch gesetzmäßig hervorruft und im jetzt erreichten Entwicklungsstadium maßgebend in Erscheinung treten lässt?

Versuche, Dir retrospektiv die technische Problemsituation und die technischen Möglichkeiten und Erkenntnisse zu ihrer Bewältigung, aber auch mögliche Vorurteile der Fachwelt zum Zeitpunkt der Entstehung des Widerspruchs vorzustellen und die allmähliche Zunahme seiner Wirkung bis zur jetzt erreichten Grenze der Kompromissmöglichkeiten zu verfolgen.

Mache Dir klar,

- dass dieser Widerspruch historisch bedingt, d.h. auf dem jeweils erreichten Stand der Technik in das technische System „implantiert" worden ist, ohne dass dadurch die zu jenem Zeitpunkt erforderliche Effektivität nachteilig beeinflusst wurde;

- dass erst jetzt im erreichten Entwicklungsstadium die Überwindung dieses Widerspruchs zwingend erforderlich ist, um die weitere Effektivitätsentwicklung zu ermöglichen.

8.3. Sind während der letzten Jahre naturgesetzmäßige Effekte bekannt geworden, die einzeln oder in Verkettung eine direkte Realisierung des idealen Endresultats ermöglichen?

a) Suche solche Effekte, aber garantiere, dass die etwaige Inanspruchnahme von Mitteln zu ihrer Nutzung nicht gegen die gemäß (1.5) und (1.7) begründeten ABER verstößt und der zu lösende Widerspruch nicht lediglich durch einen anderen ausgetauscht wird.

b) Signalisiere (unter Wahrung der Vertraulichkeit) im Kombinat und möglichst durch eine Patentanmeldung die aufgedeckten Möglichkeiten zur Nutzung naturgemäßer Effekte, auch wenn deren Verwendung aufgrund von (1.5) und (1.7) im Augenblick nicht möglich ist.

A.9. Die Strategie zur Widerspruchslösung

9.1. Wo in seiner Struktur ist die Möglichkeit zur Auflösung des technisch-technologischen Widerspruchs enthalten?

Gehe davon aus, dass die Lösung des technisch-technologischen Widerspruchs in einer Veränderung

- des Verfahrensprinzips (Blockschemas) sowie des räumlichen und/oder zeitlichen Aufbaus eines komplexen Teilsystems (die „Entwicklungsschwachstelle", entwicklungsbedingter kritischer Funktionsbereich)

- oder des Funktionsprinzips, der räumlichen und/oder zeitlichen Anordnung eines elementaren Teilsystems (kritische Wirkstelle innerhalb des kritischen Funktionsbereichs) zu suchen ist. Führe die weiteren Überlegungen ausgehend von dem Denkniveau, das nach dem Herausarbeiten des technisch–technologischen und des technisch-naturgesetzlichen Widerspruchs bestimmt ist durch

- Abstraktion von konstruktiven bzw. technologischen Details;
- Konkretisierung im Sinne der exakten, zugeschärften Kennzeichnung des zu lösenden Widerspruchs.

9.2. Untersuche den technisch-technologischen Widerspruch bezüglich

- seiner gegensätzlichen Komponenten und der technisch-naturgesetzlichen Art und Weise, in der sie sich ausschließen;
- der technisch-technologischen Erfordernisse, aufgrund derer die gegensätzlichen Komponenten sich gegenseitig hervorbringen und eine Einheit bilden;
- der Sachverhalte im System, welche die Trennstelle bestimmen, an der sich die Komponenten des technisch-technologischen Widerspruchs gegenüberstehen.
  „Trennstelle" ist nicht unbedingt räumlich-geometrisch, sondern oft im übertragenen Sinne (als Scheide zwischen gegensätzlichen Erscheinungen) zu verstehen.

9.3. Versuche, einen Weg zur Überwindung des Widerspruchs zu finden durch

(A) Auftrennen der Einheit der gegensätzlichen Komponenten, z.B. durch

  (1) technologisches Parallelschalten, räumliches Entkoppeln (etwa als Reißverschlussprinzip 1a);

(2) zeitliches oder zeitweiliges Entkoppeln (Reißverschlussprinzip 1b) bzw. Phasenverschieben der Wirkdauer der Komponenten;

(3) räumliches oder zeitliches Ineinanderschachteln von Bauelementen und/oder Wirkungen (das Steckpuppenprinzip) oder Verzahnen (Reißverschlussprinzip 2)

(4) Funktionstrennung bzw. Übertragen zweier Elementarfunktionen oder funktionswichtiger Elementareigenschaften von einem auf zwei Strukturelemente;

(5) Spaltung einer Struktureinheit (Baugruppe, Prozessstufe) in ein wechselwirkendes Paar von Komponenten (z.B. zur Selbstkompensation von Störungen);

(6) Durchlaufen oder Koexistenz verschiedener Gebrauchs- bzw. Betriebszustände

(7) Gewährleistung extremer Geschwindigkeiten (Schock, Abschreckung, Kriechen).

(B) Überwinden der im Widerspruchsverhältnis stehenden Merkmale einer der beiden Komponenten, z.B. durch

(1) Auffinden eines anderen, geeigneteren Wirkprinzips (z.B. des Gegen- oder Komplementärprinzips);

(2) Auffinden oder Schaffen neuer Werkstoffe, evtl. Verbundwerkstoffe;

(3) Übertragen einer Elementarfunktion oder -eigenschaft auf ein noch zu findendes bzw. zu schaffendes (separates) technisches Teilsystem, das die nötigen Natureigenschaften, die bisher zum technisch-naturgesetzlichen Widerspruch führten, zu geeigneten Zeitpunkten, an geeigneten Orten und unter geeigneten Bedingungen hervorbringt;

(4) Gezieltes Überschreiten der Werte eines ausgewählten Parameters bis zum Qualitätsumschlag (die Nutzung einer Nicht-

linearität);

(5) Verstärken einer Elementarfunktion oder Abschwächen (Unterdrücken) ihrer Nebenwirkung durch positive bzw. negative Rückkopplung;

(6) Hierarchische Aufteilung einer Funktion auf mehrere Funktionsebenen (Segelschiffstakelage).

(C) Überwinden der gegenseitigen Ausschließung der polaren Komponenten, z.B. durch

(1) Strukturelle und funktionale Verschmelzung im Konflikt befindlicher Teilsysteme;

(2) Vereinigung von zwei gegensätzlichen Elementarfunktionen in einem Strukturelement;

(3) Überlagern einander entgegengesetzter schädlicher Wirkungen;

(4) Einführung einer dritten Komponente, besonders Erzeugung dieser Komponente aus systemeigenen Komponenten;

(5) Simulation kennzeichnender Eigenschaften einer der beiden Komponenten und Einführung in die jeweils andere Komponente (adaptive Maskierung, Prinzip des Trojanischen Pferdes).

(D) Nutzung anderer Verfahren gemäß Listen nach Altschuller und anderer (siehe Arbeitsblätter B.9 und B.10)

9.4. Welches Vorgehen ist der Natur des technisch-technologischen Widerspruchs adäquat?

a) Entwickle eine Lösungsstrategie, indem Du von der Art derjenigen Lösung des Widerspruchs ausgehst, die an der schwächsten Stelle seiner Struktur angreift.

b) Formuliere die Erfindungsaufgabe in einer möglichst detailfreien, aber problemspezifischen Weise so, dass sie den technisch-technologischen Widerspruch und den Auftrag zu dessen Überwindung zum Ausdruck bringt.

Erstrebe eine knappe, zugeschärfte Form.

9.5. Formuliere die Erfindungsaufgabe so, dass die im System bereits vorhandenen Eigenschaften weitestgehend selbst die Aufhebung des Widerspruchs ermöglichen.

A.10. Die eigene Erfindung – Schrittmacher internationaler Entwicklung

10.1. Prüfe, ob die Lösung der Erfindungsaufgabe in der internationalen Entwicklung schrittmachend wirken wird und dazu beiträgt, das Kombinat in Spitzenposition zu bringen oder seinen technologischen Spielraum zu vergrößern. Aktualisiere die Analyse von Fach- und Patentliteratur, Markt-, Forschungs- und Reiseberichten (vgl. (1.3)) entsprechend der fortgeschrittenen Zeit.

10.2. Könnte die Lösung der Erfindungsaufgabe auch für andere als die vorgegebenen Applikationsbereiche relevant sein? (Multivalenz!)

10.3. Konzipiere die rasche Überleitung. Beachte: Ohne Kampf kein Fortschritt.

Hinterfrage hierzu vor allem die Formulierung des Ziels und der Aufgabe der Erfindung in den Patentbeschreibungen.

10.4. Wie muss der erarbeitete und mit dem internationalen Stand konfrontierte Lösungsansatz zu einer Innovationsstrategie ergänzt werden?

a) Disponiere die dafür erforderlichen Experimente, Informationsbeschaffungen und Abstimmungen.

b) Entwirf die Innovationsstrategie so, dass Dein Betrieb sie realisieren kann und damit selber den internationalen Stand bestimmt oder durch Überwindung von Engpässen sich hierzu den Spielraum verschafft.

4 KDT-Lehrbrief Teil B. Erfindungsmethodische Arbeitsblätter

Inhaltsverzeichnis

Nicht mit in diese Textausgabe übernommen wurden die Arbeitsblätter B.10. (Vierzig Prinzipe), B.11. (Rechnergestützte Arbeit mit einem Informationsspeicher zu *Naturgesetzlichen Effekte und Prinzipien*) und B.12. (Hinweis auf das Lehrmaterial *Erfindungsmethodische Grundlagen*)

B.1. Analyse des gesellschaftlichen Bedürfnisses – Bestimmen der Zielgröße

Heuristischer Zweck:

- Bedürfnisgerechtes Einbinden eines technischen Systems in seine Umgebung (in das übergeordnete technische System und das gesellschaftliche Obersystem);
- Aufklären sozialer, ökonomischer und technologischer Zusammenhänge zwischen einem technischen System und seiner Umgebung;
- Definition des Zwecks eines technischen Systeme, Bestimmen der Zielparameter seiner Entwicklung und der auf diese maßgebend einwirkenden Faktoren;
- Aufdecken von technisch-ökonomischen Reserven und Widersprüchen in der Entwicklung eines existierenden technischen Systems (Referenzvariante);
- Ableiten von Suchkriterien für das Auffinden geeigneter technischer Mittel im Stand der Technik für die Konzeption eines neuen technischen Systems (Basisvariante). Aufbereiten des Patentfonds;
- Aufdecken von Lücken im Stand der Technik; Definition von Mittel-Wirkung-Beziehungen für neue, entwicklungsbestimmende Teilsysteme (Kernvarianten);
- Aufspüren und Nutzen bisher nicht erkannter Möglichkeiten im Stand der Technik für das Überwinden technisch-ökonomischer Widersprüche.

Heuristischer Bezug zum Erfindungsprogramm:

Positionen 1, 2 (2.1. – 2.5.)

Heuristische Anfangsbedingungen:

Problemstellung als Auftrag mit Vorgaben hinsichtlich

- der zu erzielenden ökonomischen, technologischen und/oder sozialen Effekte nach Art und Höhe;
- der ökonomischen, sozialen und technologischen Randbedingungen für den zu betrachtenden Nutzungs-, Herstellungs- und/oder Schädigungsprozess (Systembedingungen);
- der sozialen, technologischen und technischen Definition des Gegenstandes, welcher bei der Verwirklichung des gesellschaftlichen Bedürfnisses die entscheidende Rolle im Nutzungs-, Herstellungs- und/oder Schädigungsprozess spielt bzw. spielen wird;
- der ökonomischen, sozialen und technologischen Anfangsbedingungen für die Einführung der zu schaffenden neuen Lösung in die Praxis (Innovationsbedingungen).

Heuristisches Vorgehen:

- Identifizieren des von der Problemstellung betroffenen Gesamtprozesses und des gesellschaftlichen Bedürfnisses, welches ihm zugrunde liegt,
- Definieren des Gesamtprozesses als Nutzungs- oder Herstellungsprozess;
- Zerlegen des Gesamtprozesses in seine Teilfunktionen und Herausheben der Teilfunktionen, auf welche sich die Aufgabenstellung unmittelbar bezieht;
- Entwickeln der Zielgröße als System von Eignungs- und Effektivitätsmerkmalen durch

– Definieren der notwendigen und effektivitätsbestimmenden
  Merkmale des Gesamtprozesses, welche maßgebend sind für
  die Beurteilung der Eignung der in ihm zum Eineatz kommenden technischen Objekte;
– Spezifizieren dieser Effektivitätsmerkmale des Prozesses in
  Bezug auf die herausgehobenen Teilfunktionen und Syste-
  matisieren unter den folgenden Eignungsaspekten für die in
  Betracht zu ziehenden technischen Objekte:
    1. Zweckmäßigkeit
    2. Wirtschaftlichkeit
    3. Beherrschbarkeit
    4. Brauchbarkeit
– Ermitteln der **A**nforderungen, **B**edingungen, **E**rwartungen
  und **R**estriktionen (ABER) zu den einzelnen Eignungsaspekten und Eintragen in die Zielgrößenmatrix (siehe Tabelle 1)
  durch Definition von entsprechenden objektbezogenen Eignungsmerkmalen (Gebrauchseigenschaften) oder prozessbezogenen Wirtschaftlichkeitseigenschaften;
– hierarchisches Ordnen der Eignungs- und Wirtschaftlichkeits-
  merkmale in einer Prioritätsmatrix entsprechend ihrer gesellschaftlichen Bedeutung und technischen Wichtigkeit (siehe
  Tabelle 2).

Erläuterungen

a) Zu den Eignungsaspekten

Unter dem Eignungsaspekt *Zweckmäßigkeit* sind alle leistungsori-
entierten Gebrauchseigenschaften eines technischen Systems zusammenzufassen, die unmittelbar zur Befriedigung des speziellen
gesellschaftlichen Bedürfnisses beitragen und für die eigentliche

Zweckerfüllung und Leistungsfähigkeit des Prozesses unbedingt notwendig sind.

Unter dem Eignungsaspekt *Wirtschaftlichkeit* sind alle ökonomischen, sozialen, technologischen und konstruktiven Eigenschaften eines technischen Systems zusammenzufassen, welche die Beschaffungs-, Transport-, Herstellungs- und Betriebskosten sowie den Erlös im Rahmen des Gesamtprozesses maßgeblich bestimmen. Hierbei sind übergreifende volkswirtschaftliche und handelspolitische Aspekte zu berücksichtigen.

Unter dem Eignungsaspekt *Beherrschbarkeit* sind alle zuverlässigkeitsorientierten Gebrauchseigenschaften eines technischen Systems zusammenzufassen, welche betreffen:

- die Betriebssicherheit, das dynamische Verhalten und die Überlastbarkeit;
- die gefährdungsfreie, im Sinne des Arbeits- und Gesundheitsschutzes sichere Anwendbarkeit und Bedienbarkeit;
- die langfristige soziale und psychische Zuträglichkeit;
- das Alterungs- und Verschleißverhalten;
- das Havarieverhalten;
- die Überwachbarkeit, die Instandhaltungs- und Wartungsfreundlichkeit.

Unter dem Eignungsaspekt *Brauchbarkeit* sind einsatzorientierte Gebrauchseigenschaften zusammenzufassen, die betreffen:

- Unempfindlichkeit bzw. Toleranz gegenüber spezifischen Störfaktoren
  - aus der sozialen Umwelt (Fehlbedienung, Missbrauch);
  - aus der natürlichen Umwelt (klimatische und biologische Einflüsse, geophysikalische Ereignisse);

> – aus dem technisch-technologischen Umfeld (z. B. nicht zweckentsprechende Beanspruchung durch Havarie oder andere anormale Betriebszustände an vor- und nachgelagerten Systembereichen);

- Kompatibilität zur Systemumgebung (Standardisierung, Anschluss-, Einbau-, Montage- sowie Transport- und Lagerbedingungen);
- Umweltverträglichkeit, ökologische Eigenschaften;
- ästhetische Akzeptanz, formgestalterische Eigenschaften.

Die Eigenschaften der Zweckmäßigkeit, der Beherrschbarkeit und der Brauchbarkeit (die Zielgrößenkomponenten Z1, Z2, Z4) lassen sich auch unter dem Terminus *Nützlichkeit* zusammenfassen. Die „Nützlichkeit eines Dinges macht es zum Gebrauchswert." (K. Marx. MEW 23, S. 50).

Das Verhältnis des Gebrauchswertes zu dem für seine Herstellung und für seine Nutzung erforderlichen Aufwand wird als *Effektivität* bezeichnet (in Anlehnung an „Ökonomisches Lexikon").

Effektivität: heißt auch optimale, dem jeweiligen Ziel gemäße Kombination von Zweckmäßigkeit, Beherrschbarkeit und Brauchbarkeit, also Nützlichkeit, bezogen auf den Aufwand, unter der Bedingung eines minimalen finanziellen und materiellen Aufwandes.

Am Beispiel der Uhr sei der Begriff der *Zielgrößen* erläutert:

Zweckmäßigkeit: Genaue Zeitanzeige in folgenden Varianten:

Tageszeit und Datum:	Uhr
Zeitintervall:	Stoppuhr, Kurzzeitwecker
Zeitpunkt:	Wecker, Schaltuhr

Wirtschaftlichkeit: Die Kosten für die Herstellung und die Kosten für die Wartung dürfen ein spezifisches Limit nicht übersteigen.

Allerdings kann das Limit beeinflussbar sein, wenn es gelingt, die Nützlichkeit der Uhr bedürfnisgemäß über bestehende Standards zu steigern.

Beherrschbarkeit: Möglichkeiten der Korrektur und Einstellung der Zeitanzeige, Möglichkeit des Nachladens bzw. des Ersatzes des Energiespeichers und des rechtzeitigen Erkennens seiner Erschöpfung.

Brauchbarkeit:

- Genauigkeit der Zeitbestimmung (Stunden, Minuten, Sekunden, Zehntelsekunden usw.);
- Eignung unter verschiedenen äußeren Bedingungen, z.B. während der Arbeit, beim Autofahren, in der Nacht, unter Wasser, als Bestandteil der Wohnungseinrichtung oder der Kleidung;
- Schutz gegen Diebstahl, Verlust, Stoß, Verschmutzung;
- Gangruhe, Größe, Gewicht.

Die *Nützlichkeit* einer Uhr hängt davon ab, in welchem Grade, mit welcher Genauigkeit und ob überhaupt die Kenntnis der aktuellen Zeit erforderlich und gewünscht ist. Eine Atomuhr ist zwar sehr genau, aber für den individuellen Gebrauch ohne Nutzen. Und der „Glückliche, dem keine Stunde schlägt", ist von der Nützlichkeit einer Uhr kaum zu überzeugen.

Das technische System (die Basisvariante) ist nun daraufhin zu prüfen, ob die erforderliche Erhöhung seiner Effektivität im Rahmen des Standes der Technik möglich ist. Die Ansprüche an die Erhöhung der Effektivität können von vornherein so hoch festgelegt werden, dass sich technisch-ökonomische Widersprüche ergeben, so dass erfinderische Lösungen zwingend erforderlich werden (Erfindungsprogramm (2.15.)). Die Formulierung der Ansprüche zur Erhöhung der Effektivität kann auf zwei Wegen erfolgen:

- Durch Erhöhung der Werte aller oder ausgewählter, besonders wichtiger technisch-ökonomischer Parameter. In diesem Falle muss jeder variierte Parameter zu ausnahmslos jedem anderen technisch-ökonomischen Parameter in Beziehung gesetzt werden, um zu prüfen, welche technisch-ökonomischen Widersprüche entstehen. (Vgl. Arbeitsblatt (B.7)). Die Anzahl der zu prüfenden Parameterpaare beträgt bei dieser Art des Vorgehens im Extremfall $n(n-1)$.

- Es wird *ein* Parameter zur Führungsgröße erklärt und damit als „zentrierender" Parameter gesetzt. Die Führungsgröße wird dann im Sinne der Effektivitätserhöhung variiert, und es werden die Konsequenzen für das Verhalten aller anderen technisch-ökonomischen Parameter analysiert. Bei dieser Art des Vorgehens sind nur n Parameterpaare auf Entstehung technisch-ökonomischer Widersprüche zu prüfen. Dazu folgende Erläuterung (vgl. Arbeitsblatt (B.8)):

  Zur Führungsgröße wird im allgemeinen die wichtigste Anforderung an die Zweckmäßigkeit des technischen Systems erklärt. Das ist diejenige Anforderung, welche sich in der bisherigen Entwicklung des technischen Systems am nachhaltigsten und durchgreifend auf seine Funktions- und Strukturparameter ausgewirkt hat bzw. in Zukunft auswirken wird.

  Führungsgrößen sind technisch-technologische Leistungsparameter (Parameter, welche die Leistungsfähigkeit eines Produkts oder Verfahrens oder eines Prozesses kennzeichnen). Sie müssen jeweils bezogen auf die Art des zu erzielenden Nutzeffekts und des für seine Erzeugung erforderlichen Aufwands spezifisch und quantifizierbar definiert werden. Der Aufwand sollte dabei vorzugsweise in den Dimensionen *Zeit* und *Abmessungen* (Raum, Fläche) und Anzahl von aufwandsrelevanten Ereignissen (z.B. Reparaturen, Nachladungen von Energiespeichern, Überwachungsturnus) angegeben werden.

Beispiele für Führungsgrößen:

1. Kraftfahrzeug im Nutzungsprozess

Nutzeffekt: Überwinden einer Entfernung (km)

1.1.
Aufwand: Zeit (h)
Führungsgröße: Fahrgeschwindigkeit (km/h)

1.2.
Aufwand: Kraftstoffvolumen (l)
Führungsgröße: spezifischer Aktionsradius (km/l)

2. Kraftfahrzeug im Nutzungsprozess

Nutzeffekt: Anzahl der hergestellten Kraftfahrzeuge (Stück)

2.1.
Aufwand: Zeit (d)
Führungsgröße: Produktionsrate ($St./d$)

2.2.
Aufwand: Produktionsfläche (m^2) und Zeit (d)
Führungsgröße: Produktionsdichte ($St./(m^2 \cdot d)$)

3. Kraftfahrzeug im Schädigungsprozess

3.1. Nutzeffekt: Lebensdauer
Aufwand: Anzahl der notwendigen Reparaturen
Führungsgröße: MBTF (Meantime between two failures = mittlere Zeitspanne zwischen zwei Fehlerereignissen)

3.2. Nutzeffekt: Verkehrssicherheit
Aufwand: erforderlicher Grad der Aufmerksamkeit und Anzahl der notwendigen Operationen zur Abwendung eines Unfalls
Führungsgröße: Automationsgrad des Steuer- und Bremssystems in Prozent (z.B. Bremssystem mit automatischer Einstellung der Bremsverzögerung)

b) Zu den ABER

Anforderungen beziehen sich auf die Leistungsfähigkeit des Prozesses bzw. auf die Höhe des zu erzielenden Effekts, der in Bezug auf das jeweilige Eignungsmerkmal bei Nutzung des technischen Systems eintreten soll. Die Anforderungen zielen stets auf eine Erhöhung spezifischer Leistungs- und Effektivitätsparamter ab.

Sie haben damit eine zielorientierende heuristische Wirkung und bestimmen maßgeblich die Wahl der Mittel-Wirkung-Beziehungen (Verfahrens-, Funktionsprinzip).

Bedingungen resultieren aus prozessspezifischen sozialen und technologischen Umständen, unter denen das technische System zum Einsatz kommt und denen es genügen bzw. denen es sich anpassen lassen muss. Die Bedingungen haben keine zielorientierende, sondern eine wegbestimmende heuristische Wirkung und bestimmen damit maßgeblich die Wahl der Mittel.

Erwartungen entspringen einem latenten, d.h. noch nicht offen zu Tage getretenen gesellschaftlichen Bedürfnis. Sie beziehen sich auf solche Eigenschaften des technischen Systems, mit denen in Zukunft neuen Zweckbestimmungen, aber auch veränderten Anwendungs- bzw. Marktbedingungen entsprochen werden kann. Diese Erwartungen haben für den Erfinder eine besonders hohe, zielorientierende heuristische Wirkung. Indem er sich von ihnen auf der Suche nach der Lösung leiten lässt, kommt er zu entwicklungsfähigen und zukunftssicheren Ergebnissen auf der Grundlage neuartiger Mittel-Wirkung-Beziehungen.

Restriktionen entspringen einem übergreifenden gesellschaftlichen Bedürfnis. Es sind einschränkende Bedingungen, die sich aus der Begrenztheit natürlicher und gesellschaftlicher Ressourcen, aber auch aus ethischen und politischen Normen ergeben. Sie kommen in der

Regel in Form von Parameterwerten zum Ausdruck, die nicht über- bzw. unterschritten werden dürfen.

Die Restriktionen haben eine wegweisende heuristische Wirkung und schränken die Wahl der Mittel häufig stark ein. In der Regel werden Restriktionen daher als Hemmnis für die technische Entwicklung und das technische Schöpfertum empfunden. Aber genau das Gegenteil ist der Fall: Gerade Restriktionen fordern zum Erfinden heraus. „Geht nicht, gibt es nicht!" (Horst Bendix, Siegfried Schiller). Sie zwingen, neue Wege zu gehen, neue Mittel zu nutzen, die zuvor noch niemand in Betracht gezogen hat. Der Erfinder erreicht dabei nicht selten raffiniert einfache Lösungen.

Für die Problemfindung ist es wichtig, in jeder Situation die richtige Unterscheidung zwischen Anforderungen und Erwartungen sowie zwischen Restriktionen und Bedingungen zu treffen. Anforderungen entscheiden über die Akzeptanz einer Problemlösung in der Gegenwart, Erwartungen über ihre Akzeptanz in der Zukunft; Restriktionen entscheiden über die generelle Zulässigkeit einer Lösung, Bedingungen dagegen nur über ihre Brauchbarkeit im speziellen Anwendungsfall.

c) Zur Hierarchie der Eignungs- und Effektivitätsmerkmale

Die Priorität der Eignung- und Effektivitätsmerkmale ergibt sich zunächst aus der gesellschaftlichen und volkswirtschaftlichen Bedeutung der Anforderungen, Bedingungen, Erwartungen und Restriktionen, auf welche sie zurückgehen. Innerhalb dieser Anspruchskategorien sind sie nach ihrer technischen und technologischen Wichtigkeit abgestuft.

Restriktionen und *Anforderungen* beanspruchen in der hierarchischen Struktur der ABER den höchsten Rang. Sie sind als nicht veränderbar zu betrachten und müssen daher so genau wie möglich bestimmt und so präzise wie möglich formuliert werden, um falsche Zuspitzungen des Problems, unzutreffende Zielorientierungen und Leichtfertigkeit in der Disposition von Ressourcen zu vermeiden.

Die *Bedingungen* haben einen niedrigeren Rang in der hierarchischen Struktur der ABER, müssen deswegen aber nicht minder ernst genommen werden. Sie dürfen hingegen im Sinne der Problemgestaltung als veränderbar betrachtet werden. Hier ist also die „Weichstelle" des Problems, wo günstige Voraussetzungen für seine Bearbeitung und spätere Lösung geschaffen werden können. Bedingungen sollten daher vorerst noch nicht zu scharf formuliert, sondern nur möglichst gut begründet werden. Eine Problemmodifizierung ist dann möglich, wenn Gründe für bestimmte Bedingungen beseitigt und/oder durch andere ersetzt werden können.

Die *Erwartungen* beanspruchen große Aufmerksamkeit, weil sie die zukünftige Entwicklung des gesellschaftlichen Bedürfnisses zum Ausdruck bringen. Sie sind also das dynamische Element in den ABER. Nur in dem Maße, wie sie in der Zielgröße zur Geltung gebracht werden, gelingt es, die entscheidenden Widersprüche sichtbar werden zu lassen, welche zu lösen sind, um eine nicht nur für die Gegenwart, sondern auch für die Zukunft gültige Übereinstimmung zwischen materialisierter Lösungsidee und dem gesellschaftlichen Bedürfnis zu erreichen.

Aus Anzahl und Art der unterschiedlichen ABER im Bezug auf die Zielgrößenkomponenten ergibt sich die Komplexität der Zielgröße. Zugleich folgen hieraus Art und Wertigkeit der in Betracht zu ziehenden technisch-ökonomischen Parameter. In der Zielgröße werden ABER systematisch zusammengefasst, dabei aus ihren ursprünglich gesellschaftlichen Zusammenhängen in technisch-technologisch-ökonomische Zusammenhänge „transformiert" und schließlich mit Hilfe technisch-ökonomischer und technisch-technologischer Parameter in die Sprache der Technik „übersetzt".

Im Lehrmaterial *Erfindungsmethodische Grundlagen*, Abb. 4, sind für die einzelnen Zielgrößenkomponenten jeweils zutreffende BASIS-Formulierungen von Eignungsmerkmalen und Gebrauchseigenschaften angegeben, welche die Erfüllung der jeweiligen Anforderung, Bedingung, Erwartung oder Restriktion zum Ausdruck bringen sollen.

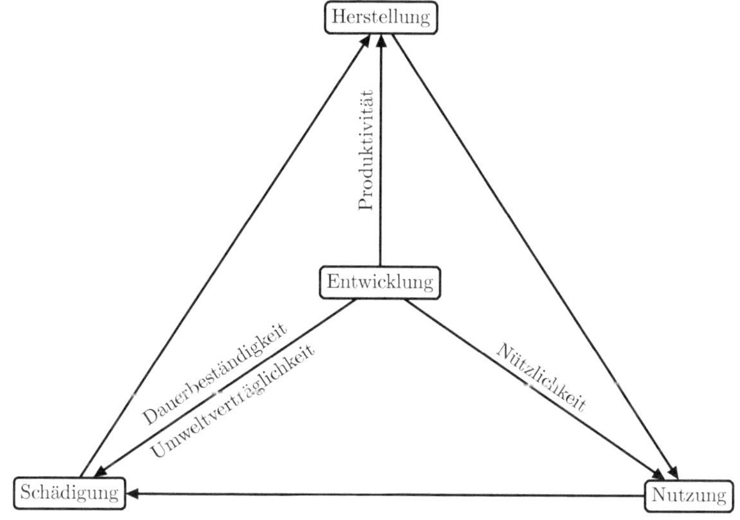

Prozesse, in die ein technischer Gegenstand – Verfahren oder Gebilde – einbezogen ist und

Führungsgrößen, die seine Entwicklung bestimmen

Abbildung 1. Die technische Entwicklung als prozessbezogene Verwirklichung des gesellschaftlichen Bedürfnisses

Tabelle 1. Das gesellschaftliche Bedürfnis als prozessbezogene Zielgröße (Beispiel: Kraftfahrzeug)

	Zweck- mäßigkeit	Wirtschaft- lichkeit	Beherrsch- barkeit	Brauch- barkeit
Anfor- derungen	(A.1)	(A.2)	(A.3)	(A.1.6)
Bedin- gungen	(B.1)	(B.2)	(B.3)	(B.1.6)
Erwar- tungen	(E.1)	(E.2)	(E.3)	(E.1.6)
Restrik- tionen	(R.1)	(R.2)	(R.3)	(R.4)

(A.1) 1. Leistungs*fähig* und fahr*tüchtig* bis zu einer Fahrtgeschwindigkeit von $x\,\frac{km}{h}$

(A.2) 1. Kraftstoff*sparend* (Kraftstoffverbrauch $x\,\frac{l}{100\,km}$)
2. Abgaswärme *nutzend*

(A.3) 1. Leicht *bedienbar*
2. Verschleißteile leicht *zugänglich*
3. Ersatzteile an Bord *verfügbar* (mitführbar)

(A.4) 1. *Anpassbar* an örtlich gegebene Verkerkehrsbedingungen
2. *Verwendbar* als Zugmaschine, Lieferwagen und Reisewagen

(B.1) 1. Verkehrs*tauglich*
2. Zugbetriebs*tauglich*

(B.2) 1. Servicefreundlich
2. Lastentransport*dienlich*

(B.3) 1. Kurzzeitig auf x-fache Normalachslast *überlastbar*
2. Fahrverhalten (unverzögert) Lenkung *folgend*

(B.4) 1. Steinschlag *abhaltend*

2. Hitze *abweisend*

3. Temperatur*haltend*

4. Feuchte*ausgleichend*

(E.1) 1. Hohes Beschleunigungs*vermögen*

2. Verzögerungs*freie* Beschleunigung

(E.2) 1. Transport*ergiebig*

2. Preis*günstig*

(E.3) 1. Schleuderbewegungen *selbsttätig* ausgleichend

2. Auf rasch veränderliche Fahrbahnbedingungen *selbst einstellend*

3. *Selbst überwachend*

(E.4) 1. *Unabhängig* von Tankstellen

2. *Unempfindlich* gegen tiefe Temperaturen (z.B. beim Starten)

(R.1) 1. Antriebs- und Bremssystem *spurgetreu*

2. Verkehrsregel*gemäße* Licht- und Signalanlage

(R.2) 1. *Anspruchslos* in Bezug auf Instandhaltung

2. *Genügsam* in Bezug auf Kraftstoffqualität

(R.3) 1. Verkehrs*sicher*

2. Rüttel*fest*

3. Stoß- und schlag*fest*

4. Diebstahl*sicher*

(R.4) 1. *Verträglich* mit Abgasnorm

2. Korrosions*beständig* bei Tausalzeinwirkung

3. *Unbedenklich* für innerstädtischen Verkehr

Tabelle 2. Prioritätsstruktur des gesellschaftlichen Bedürfnisses (Beispiel: Kraftfahrzeug).
Von links nach rechts – abnehmende administrative Rigorosität, von oben nach unten – abnehmende technische Wichtigkeit

R.1.1	A.1.1	B.1.1	E.1.1
R.3.1	A.2.1	B.2.1	E.1.2
R.4.1	A.4.2	B.3.1	E.2.1
R.2.1	A.3.2	B.4.1	E.2.2
R.3.2/R.3.3	A.4.1	B.4.2	E.4.1
R.4.2	A.3.1	B.1.2	E.4.2
R.2.2	A.3.3	B.2.2	E.3.3
R.1.2	A.2.2	B.4.2	E.3.2
R.3.4		B.4.3	E.3.3
R.4.3		B.4.4	
R	A	B	E

B.2. Ideenkonferenz und inverse Ideenkonferenz

Unterstütze Deinen Leiter, Ideenkonferenzen zu einem kollektiven Arbeitsmittel zu machen. Stelle Dich auch selbst als Moderator zur Verfügung. Interessiere Kollegen anderer Bereiche im Sinne der Gemeinschaftsarbeit an der Teilnahme. Nutze die Möglichkeiten der KDT. Informiere über die Erfahrungen in Deiner Gewerkschaftsgruppe. In der Erfinderschule empfiehlt es sich, Ideenkonferenzen vor allem zu den Positionen (2.1), (2.14), (3.3) und (9.3) des Erfindungsprogramms durchzuführen.

Beachte:

1. Teilnehmer: 6 bis 12 (Fachleute und Laien)
2. Beratungsraum ohne Präsidiumsplatz (Ideal: runder Tisch)
3. Dauer: 20 bis 60 min.
4. Ablauf: Der Moderator sorgt für eine freundliche, aufgelockerte Atmosphäre. Er benennt das schon mit der Einladung bezeichnete Problem sowie den Grundsatz: Jedwede verbale oder mimische Kritik ist verboten; Ideen eines anderen können weitergeführt werden. Begründungen werden vorerst nicht gegeben. Zuerst muss reichlich Begründenswertes auf den Tisch. Das fordert heraus zur Gründlichkeit beim späteren Begründen.
5. Schweigende Teilnehmer werden vom Moderator zur Äußerung aufgefordert. Ideen hervorzubringen ist Recht und Pflicht.
6. Wenn der Ideenfluss ins Stocken gerät, trägt der Moderator erstmals eigene Ideen vor.
7. Die Ideen werden notiert, möglichst mit Namen des Äußernden.
8. Wer Kritik übt oder zu lange spricht, wird vom Moderator auf die Regeln verwiesen (gelbe Karte, rote Karte).

Wichtig ist, dass die Teilnehmer lernen, ihre Hemmungen abzulegen. Daher das einstweilige Verbot der Kritik.

Einige Stunden oder Tage nach der Ideenkonferenz folgt die *inverse* Ideenkonferenz, in der Erfinderechule vorzugsweise zu den Positionen (2.13), (2.16c), (3.1), (3.4), (4.2b) und (4.2c) des Erfindungsprogramms. Hier wird in derselben ungezwungenen Atmosphäre ausgesprochen, was den Ideen entgegensteht. Geboten ist Sachlichkeit. Zurückgewiesen wird Schwarzmalerei. Zeige den Teilnehmern, dass Dir bekannt ist: Technische Widersprüche sind in der Geschichte immer wieder gelöst worden. Neu entstehende Widersprüche sind eine Herausforderung: „Wer seine Lage erkannt hat, wie soll der aufzuhalten sein?" (B. Brecht). Außerdem haben wir *Methode*.

Die *Gegenüberstellung* von Ideen und Gegenideen schafft stets Voraussetzungen für die Herausarbeitung der zu lösenden Widersprüche.

Schriftliche Formen der Ideenkonferenz und der inversen Ideenkonferenz:

Zum Beispiel *6–3–5*: Etwa sechs Personen – jede Person zunächst für sich – notieren zu einem Problem drei Ideen. Nach fünf Minuten überreichen alle ihr Papier dem rechten Nachbarn. Dieser sucht die vorgefundenen Ideen mit eigenen Gedanken weiterzuführen und notiert sie auf dem Zettel. Nach fünf Minuten wird dieser abermals weitergereicht.

So kann der Prozess noch mehrmals fortgesetzt werden. Vorteil der Schriftform ist die lückenlose Dokumentation. Der Moderator wertet mit dem Kollektiv aus. Er sollte sich darauf vorbereiten und kann die Notizen auch unter methodischen Gesichtspunkten kommentieren.

B.3. Baumverfahren (A), angewandt zum Erzeugen von Listen denkbarer technisch-technologischer und technischer Prinzipe

Heuristisches Ziel:

a) Im Zusammenhang mit der Position (2.1) des Erfindungsprogramms:

 - Nominieren bekannter und Aufdecken denkbarer technisch-technologischer Prinzipe, die geeignet sein könnten, gemäß einem speziellen Bedürfnis eine technische Funktion zu erfüllen.
 - Herstellen des Überblicks über die Gesamheit dieser Prinzipe zum Zwecke der weiteren Analyse, besonders zum Bewerten urd Auswählen eines der Prinzipe am Beginn des Herausarbeitens einer Erfindungsaufgabe, als einer Grundlage des Ermittelns technisch-ökonomischer Widersprüche.

b) Im Zusammenhang mit der Position (2.4e) des Erfindungsprogramms, besonders zum Aufbau eines morphologischen Schemas, das genutzt werden kann, um eine Basisvariante auf dem Stand der Technik zu konzipieren, die der Herausarbeitung technisch-ökonomischer Widersprüche zugrunde gelegt wird.

 - Nominieren bekannter und Aufdecken denkbarer technischer Prinzipe als denkbare Varianten zur Erfüllung einer Teilfunktion, die als Zeileneingang eines morphologischen Schemas notiert ist. (Vgl. Arbeitsblatt (B.4))

Heuristische Voraussetzungen:

- Herausarbeitung der Funktion, die ein auftragsgemäß zu erneuerndes technisches System erfüllen soll (Erfindungsprogramm (1.1)) bzw. Herausarbeitung einer Teilfunktion dieses Systems (Erfindungsprogramm (2.3.8)).
- Bereitschaft zur Feststellung der Anforderungen, Bedingungen, Erwartungen und Restriktionen (ABER), die die Entwicklung der gesellschaftlichen Effektivität des technischen Systeme bestimmen und in der Regel zum Erfinden zwingen (Erfindungsprogramm (1.7)).

Heuristisches Vorgehen:

Die Grundform:

- Funktion des technischen Systems so allgemein wie möglich aufschreiben.
  Die Benennung muss *gerade noch* sinnvoll sein. (In der Abbildung steht sie als Stiel der herabhängenden Dolde oder – auf dem Kopf stehend gesehen – als Stamm des gesamten Baumes.)
- Zum Begriff der höchst allgemein formulierten Funktion sind die sie logisch erfüllenden Unterbegriffe erster Ordnung zu bilden. In der beigefügten Abbildung entsprechen die Unterbegriffe erster Ordnung den ersten Abzweigungen vom Stiel bzw. vom Stamm.
- Zu einem oder einigen oder allen Unterbegriffen erster Ordnung wiederum logisch erfüllende Unterbegriffe bilden. Diese sind in Bezug auf die Unterbegriffe erster Ordnung selbst wieder von erster Ordnung, in Bezug auf den Stiel bzw. den Stamm von zweiter Ordnung.
- In der Bildung von Unterbegriffen weiter fortschreiten, evtl. bis zur vierten oder fünften Ordnung (vom Stiel aus gezählt).

- Die Untergliederung der Begriffe ist abzubrechen,

  – wenn die sinnvollen Möglichkeiten erschöpft sind
  – oder wenn die Anzahl der gewonnenen Varianten so groß wird,
    dass die Gründlichkeit ihrer Analyse nicht gewährleistet wer-
    den kann. Das Untergliedern der Begriffe ist ohnehin nur ein
    Teil der zu leistenden Analysearbeit, und rasches, intuitives
    Bewerten, zu dem man sich beim Vorliegen großer Varian-
    tenmengen veranlasst sieht, kann gründliche Analysen nur
    manchmal überflüssig machen.
    Es kommt darauf an, die im Erfindungsprogramm berück-
    sichtigten anderen Vorgehensweisen zur Herausarbeitung der
    Erfindungsaufgabe ins Spiel zu bringen und die ihnen entspre-
    chenden Fähigkeiten des Erfindens zu aktivieren.

Beispiel: Die auftragsgemäß zu betrachtende Funktion eines technischen Systems sei „Befreiung von Nüssen von ihrer Schale in einem
industriellen Verarbeitungsprozess". Gesucht ist die Gesamtheit der
denkbaren Arten, Nüsse von ihrer Schale zu befreien. Wie findet man
sie? Man geht vom Allgemeinsten aus und untergliedert schrittweise.
Das aktiviert den gesamten, auch den latenten, Gedächtnisinhalt.
Jedes einzelne Notat erweckt Assoziationen. Der Grundgedanke
dieser Vorgehensweise, das spezielle Beispiel „Nuss" und die Gra-
fik (siehe Abbildung) sind [16] entnommen. Dort (S. 72-85) wird
das Dolden- bzw. Baum-Verfahren jedoch als „Lösungssystematik"
bezeichnet. Wir schließen uns diesem Sprachgebrauch nicht an,
weil die Unterbegriffe/Zweige – die Varianten für ein technisch-
technologisches oder technisches Prinzip – in der Praxis nicht als
Lösungen, sondern nur als Denkansätze zu betrachten sind. Wege
zur Arbeit mit den Denkansätzen ergeben sich aus (2.1) bzw. (2.3a)
des Erfindungsprogramms und den jeweils nachfolgenden Positio-

nen. Anwendungsmöglichkeiten des Verfahrens können sich ferner auch im Anschluss an (9.3) ergeben, wenn ein Ansatz zur Lösung eines technisch-technologischen Widerspruchs gefunden und zu spezifizieren ist.

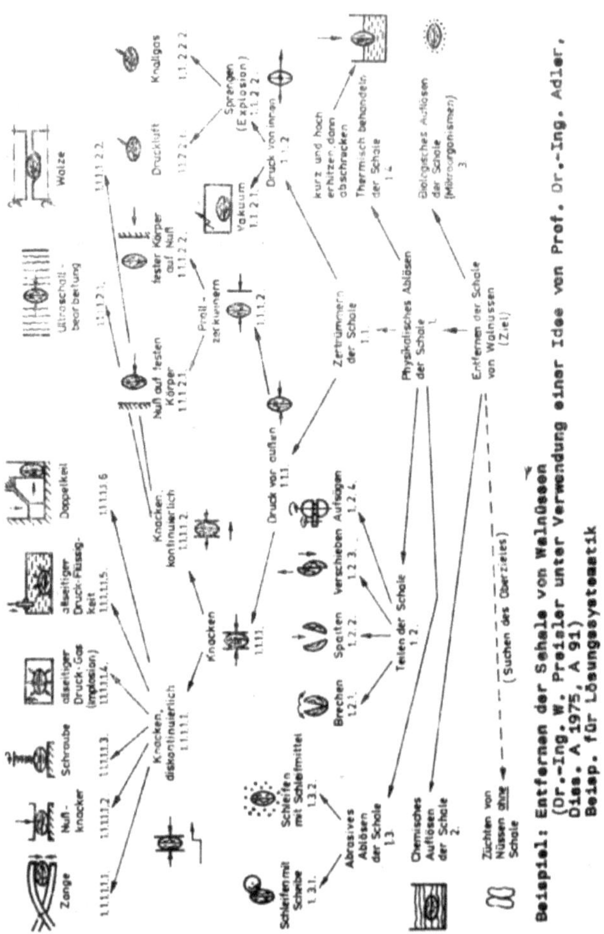

Inverser Gebrauch und „Aus-der-Mitte-Gebrauch" („ex‐medio-Gebrauch") des Dolden/Baum-Verfahrens: Mitunter besteht vor Beginn eines Entwicklungsprozesses Mangel an Klarheit über Bedürfnisse der Gesellschaft (bzw. des Exportkunden) und damit an Klarheit über das Entwicklungsziel. Man muss sich erst Zugang zur Erkenntnis eines gesellschaftlichen Bedürfnisses verschaffen. Ohne diese Klarheit dürfen keine Entwicklungsprozesse begonnen werden. In solchen Fällen knüpft man gern an vorhandene, gewohnte technische Systeme an, denen ein spezielles technisches Prinzip zugrunde liegt, z.B. traditioneller Nussknacker zum Hausgebrauch, traditioneller Wagenheber als Kfz-Bordwerkzeug usw. Es ist dann zu fragen: Könnte man ein Traditionen überschreitendes, umfassenderes oder anderes Bedürfnis befriedigen, das auch durch andere (weitergehende, schärfere) ABER gekennzeichnet ist, wenn es gelänge, Nüsse auch anders zu knacken und PKW nicht nur zum Zwecke des Radwechsels zu heben? Wer hat ein solches Bedürfnis? Unter welchen Bedingungen tritt es auf? Kann es eine zahlungsfähige Nachfrage geben? Ist man bereit, sich auch den anderen ABER zu stellen?

In einem solchen Falle könnte man induktiv, vom anschaulich gegebenen Speziellen ausgehend, dem man gewohnheitsgemäß ver haftet ist, zunächst andere spezielle technische Prinzipe benennen und dann von diesen zu Oberbegriffen verschiedener Ordnung – „Knacken", „Druck von außen" usw. – aufsteigen. Unter jedem Oberbegriff findet man leicht die Gesamtheit der ihm unmittelbar subordinierten Unterbegriffe. So kann die gesamte Dolde, der gesamte Baum, auch *vom Speziellen* ausgehend aufgebaut werden.

Man könnte das gesamte hierarchische System leicht auch von der Mitte (in der Abbildung zum Beispiel „Zertrümmern der Schale") her aufbauen, indem man nach den logisch nebengeordneten, untergeordneten und übergeordneten Begriffen fragt.

Die Ermittlung eines gesellschaftlichen Bedürfnisses sowie der zugehörigen ABER ist auf diesem Wege nicht im mindesten umgehbar. Sie bleibt in aller Strenge gefordert. Aber sie kann aus der Sicht des Technikers durch Anregungen unterstützt werden, etwa in der Art: Angenommen, ein Wagenheber mit anderem Prinzip wäre machbar, der es auch erlaubt, einen PKW nicht nur zum Radwechsel zu heben, sondern auch quer zur Längsachse in eine Parklücke zu schieben. Angenommen, alle ABER werden erfüllbar gemacht (z.B. Standsicherheit, Eignung als Bordwerkzeug, Handhabbarkeit, niedrige Herstellungskosten und vieles andere mehr). Sollte man dann nicht rasch prüfen, ob ein solches Bedürfnis latent besteht?

B.4. Baumverfahren (B) analog Arbeitsblatt (B.3), angewandt zum Aufgliedern technischer Systeme (in ihre funktionsbestimmenden Komponenten)

Heuristische Ansatzpunkte:

Das in Arbeitsblatt (B.3) vorgestellte Dolden- bzw. Baumverfahren ist sinngemäß anwendbar, wenn technische Systeme in Teilsysteme, Teilsysteme der Teilsysteme usf. zu unterteilen sind. An der Stelle technischer Prinzipe und der sie konkretisierenden Unterbegriffe stehen dann Namen technischer Systeme bzw. ihrer Teilsysteme, die in der Regel nicht als Varianten untereinander substituierbar sind, sondern örtlich und zeitlich unterscheidbar für notwendige *Teilprozesse* stehen. Solche Unterteilungen sind erforderlich, um

- Einblicke in die bestehende und auftragsgemäß zu erneuernde Struktur technischer Systeme zu erlangen;
- hinreichend tiefgründige analytische Erkenntnisse bereitzustellen, so dass Entwicklungsschwachstellen bloßgelegt werden können und Anregungen für erfinderische Lösungsansätze entstehen;
- analytische Erkenntnisse so übersichtlich, mit wenigen Blicken uberschaubar darzubieten, dass sich lösungsorientiertes, mit oftmals unstabilen Intuitionen durchsetztes Denken ungestört entfalten kann, ohne immer wieder durch Nachschlagen und Rekonstruieren von Analyseergebnissen unterbrochen zu werden;
- insbesondere Vernetzungen sicher aufdecken zu können, und zwar, um
  - bestehende Vernetzungen, die bei höher angesetzten ABER schädliche Effekte hervorbringen (Funktionsstörungen, Beeinträchtigungen der Sicherheit, Energieverluste, ökonomisch ungünstige Auslegungen usw.),

— denkbare Vernetzungen als Möglichkeiten für Vereinfachungen (Einsparung von Kosten, Material, Raumbedarf, Gewicht, Bedienaufwand!) sowie zu Synchronisationen und Rückkopplungen (Einsparung spezieller Maß- und Stellglieder)

aufzudecken.

Erfordernisse zur Nutzung eines Baumverfahrens bestehen vor allem bei den Positionen (1.1), (1.5), (2.2), (2.3), (2.6), (2.7–2.10), (6.1), (9.1) des Erfindungsprogramms. Diesen Positionen gemäß werden Erkenntnisse bereitgestellt, die im gesamten erfinderischen Prozess benötigt werden.

Heuristische Voraussetzungen:

- Kenntnis der Bedürfnisse, die dem Nutzungsprozess und dem Zweck des zu unterteilenden technischen Systems zugrunde liegen.
- Bereitschaft zum Abstrahieren von konstruktiven Details. Bereitschaft zum Denken in Funktionen, die sich aus dem Zweck des zu erneuernden technischen Systems direkt (Hauptfunktion) oder indirekt (Hilfsfunktionen, Nebenfunktionen) ergeben.

Heuristisches Vorgehen:

- Zweck des technischen Systems so allgemein wie möglich („gerade noch sinnvoll") formulieren und als „Stiel der Dolde" bzw. „Stamm des Baumes" notieren.
- Teilsysteme bzw. Teilfunktionen erster Ordnung so allgemein wie möglich formulieren und als „Äste" erster Ordnung am „Stamm" („Stiel") anordnen.

- In analoger Weise bei allen Teilsystemen bzw. Teilfunktionen die ihrerseits notwendigen untersetzenden Teilsysteme bzw. Teilfunktionen anordnen.
- In Unterteilungen so weit wie sinnvoll fortfahren. Die Unterteilung muss gerade so weit gehen, dass Vernetzungen zwischen Teilsystemen mit Sicherheit identifiziert werden können.
- Die aufgeschriebenen Untersysteme (die „Teilbäume", „Äste", „Zweige") daraufhin untersuchen, ob horizontale Zusammenhänge bestehen oder denkbar sind.

Anmerkung. Begabte und trainierte Erfinder suchen solche Zusammenhänge instinktiv und durchmustern technische Systeme, deren „Modell" sie in ihrem Gedächtnis tragen, mitunter schnell und sicher nach solchen Zusammenhängen. Zugleich ist ihre Fähigkeit zum Abstrahieren stark ausgebildet. Offensichtlich benutzen sie Baumverfahren intuitiv, ohne in jedem Fall weitverzweigte Bäume aufschreiben zu müssen. Gerade deshalb sollte der angehende Erfinder sich an die Suche von Vernetzungen in Baumstrukturen gewöhnen.

Erstes Beispiel.

1. Verfahren zum straßengebundenen Transport mit autonomer Energieversorgung
1.1. Last aufnehmen (Tragen)
1.2. Energie umsetzen
1.3. Erzeugte Bewegung beherrschen (an lokale und zeitliche, innere und äußere Erfordernisse anpassen)

Ausschnitt aus dem Funktionsbaum zum System „Kraftfahrzeug"

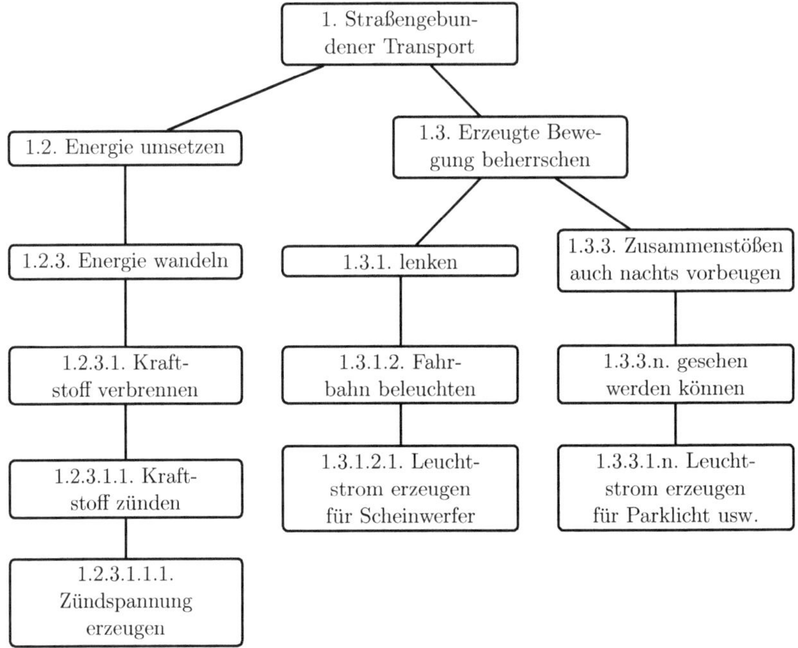

Nun ist zunächst zu entscheiden, ob die Unterteilung aller Zweisteller oder nur eines Teils der Zweisteller sinnvoll ist. Angenommen, es sei ein Problem zu bearbeiten, das die Bereitstellung elektrischer Spannung betrifft. Man sieht sofort, dass dieses Problem dem Ast (1.2) untersteht, denn die Unterteilung von (1.2) ergibt

1.2.1. Energie speichern
1.2.2. Energie aufbereiten
1.2.3. Energie wandeln

Die noch tiefere Unterteilung führt auf „Starten" und „Zündfunken erzeugen".

Weniger offensichtlich ist, dass das Problem „elektrische Spannung" auch dem Ast (1.3) unterstehen kann, dessen Name auf die Beherrschung der Bewegung hinweist, womit zunächst nur Lenken und Bremsen angesprochen zu sein scheint. Aber zum Beherrschen gehört die Verfügbarkeit von Licht. Also muss auch (1.3) weiter unterteilt werden.

Die Unterteilung braucht nicht vollständig zu sein. (Zu hoher Arbeitsaufwand). Aber es kann zum Nachteil der Erfindungeaufgabe und ihrer Lösung sein, wenn sie nicht so fein ist, dass sie vor Augen führt: Elektrische Spannung muss bei der Fahrt *und* beim Parken (Parkleuchte, Rundumleuchte, Innenraumbeleuchtung, Stecklampe) verfügbar sein.

Natürlich erinnert das vorstehende Beispiel nur an Vernetzungen, die jedem Kraftfahrer geläufig sind. Übrigens hat die Frage „separate oder gemeinsame Stromerzeugungsanlage für Zündstrom und Leuchtstrom?" in der Vergangenheit eine wichtige Rolle gespielt.

Aber in einem realen Problemlösungsprozess sind die Zusammenhänge nicht von vornherein für jeden Bearbeiter überschaubar. Die Unterteilung muss so geführt werden, dass sie auch die Bloßlegung von Zusammenhängen anregt, die nicht für jedermann vermutbar oder deutlich sind oder die nicht von jedermann gebührend ernst genommen werden.

Zweites Beispiel.   Von der Pendeluhr zur Kompensationspendeluhr (s. Lehrmaterial *Erfindungemethodische Grundlagen*, Abschnitt 1.9.). Gesucht war ein Verfahren und eine Vorrichtung zur Sicherung der temperaturwechselresistenten Zeitmessung per Pendeluhr unter Verwendung vorhandener Komponenten. Verfahren bzw. Vorrichtung als Objekt der Untersuchung erhalten als „Stiel" bzw. „Stamm" die Nummer 1. Davon ausgehend ergeben sich insbesondere folgende zwei Teilbäume:

a)

1.3. Taktgaben
1.3.1. Taktgeber mit Energie versorgen
1.3.2. Takt bemessen (Pendelperiode!)
1.3.3. Takt auf Hauptantrieb der Uhr zurückkoppeln

Unter (1.3.2.) findet sich

1.3.2.1. Pendelgewicht vorm Herunterfallen bewahren
1.3.2.2. Distanz zwischen Aufhängung und Schwerpunkt konstant halten

(Bekanntlich werden beide Teilfunktionen vernetzt durch den Pendelstab realisiert)

b)

1.5. Uhr gegen abträgliche Umwelteinflüsse sichern
1.5.1. Uhr gegen „Störfunktion 'Temperaturwechsel'" sichern

Mit (1.5.1.) könnte die Fragen verbunden sein: Welche Varianten gibt es dafür? Das Baumverfahren im Sinne von Arbeitsblatt (B.3) angewandt, liefert hierfür keine Ergebnisse. Wie sich aber herausstellte, wurden faktisch die beiden folgenden Fragen erfolgreich beantwortet:

- Können die Störungen zu ihrer Selbstbeseitigung herangezogen werden? (Selbstkompensation?) Kann die Störenergie dazu gebracht werden, sich selbst zu liquidieren?
- Können im Baum der Pendeluhr Teilfunktionen oder Teilsysteme entdeckt werden, die die Funktion (1.5.1.) mit übernehmen, ohne dass großer Zusatzaufwand entsteht? Kann in der Uhr etwas schon Vorhandenes so modifiziert werden, dass es die Störenergie zur Selbstliquidation bringt? Die Uhr *selbst*, das Vorhandene *selbst* muss mit dem schädlichen Effekt fertig werden! Eine aufwendige Zusatzmaschine darf gar nicht erst in Erwägung gezogen werden.

B.5. Morphologische Schemata zur Erzeugung übersichtlicher Mengen von Startvarianten

Vorzugsweise anwendbar im Vorfeld des Erfindung (Basisvariante, vgl. Erfindungsprogramm (2.4) und (2.5)) und zur felddeckenden Steuerung von Patentrecherchen. Im Nachgang des eigentlichen Erfindungsprozesses geeignet zur Variantenbildung beim projektierenden bzw. konstruktiven Ausgestalten der Erfindung und als Hilfsmittel bei der Bestimmung des Schutzumfanges.

Voraussetzung: Aufgliedern eines technischen Begriffes (z.B. Zerlegen einer Funktion in Teilfunktionen). Auflisten der Glieder als Eingangsspalte. Zum zeilenweisen Ausfüllen der Tabellenfelder können Ideenkonferenzen oder Baumverfahren genutzt werden.

a) Morphologischer Kasten. Grundform in Anlehnung an die traditionelle Literatur, demonstriert am Beispiel der Erzeugung von Denkvarianten für den Aufbau einer Uhr: vierzeiliger (vierdimensionaler) morphologischer Kasten.

Morphologisches Schema für Denkvarianten zum Aufbau einer Uhr (Hauptfunktion: Die Zeit modellieren)

Teilfunktionen	Ist	1	2	3	...
Energie empfangen von	Hand	elektr. Netz	Batterie	Wärmequelle	...
Energie speichern mittels	Feder	Akku	Gewicht	Bimetallelement	...
Takt geben mittels	Unruh	Pendel	Netzfrequenz	Schwingquarz	...
Anzeigen mittels	Zeiger	Scheiben	Flüssigkristall	Wendeblätter	...

Das Beispiel ist sehr speziell. Folgende Modifikationen sind möglich:

- In der Eingangsspalte können statt Teilfunktionen Funktionseinheiten bzw. Baugruppen aufgeführt sein.
- Was im Beispiel eine *Teil*funktion ist, kann *Haupt*funktion einer Funktionseinheit sein, die *ihrerseits* in Teilfunktionen zerlegbar sein kann.
- Von Zeile zu Zeile kann die Anzahl der aufgeschriebenen Varianten verschieden sein.

Ist das morphologische Schema aufgestellt, wird jedes Element einer Zeile mit jedem Element der jeweils nächsten Zeile verbunden (aggregiert). Die Aggregate wachsen nach Länge und Anzahl. Am Ende enthält jedes Aggregat aus jeder Zeile genau ein Element. Im Beispiel können so $4 \cdot 4 \cdot 4 \cdot 4 = 256$ Varianten durch Aggregation gebildet werden.

In der Regel ergibt sich daraus allein jedoch noch keine erfinderische Leistung, sondern nur eine Übersicht über Denkrichtungen. Problematisch ist die gründliche Beurteilung der Denkvarianten, wenn deren Anzahl sehr groß ist. Treffsicheres Erfinden ist mit dem morphologischen Schema allein nicht trainierbar, sehr wohl aber Vollständigkeit und Konsequenz bei Fallunterscheidungen.

b) Morphologische Matrix. Besteht ein morphologischer Kasten nur aus zwei Zeilen (zwei Dimensionen) oder interessiert man sich vorerst nur für die Aggregation der Elemente zweier Zeilen, kann das Schema in die Form einer Matrix umgebildet werden: Eine Zeile wird als Eingangs*spalte*, die andere als Eingangs*zeile* geschrieben. In den Matrixfeldern können dann Notizen zur Bewertung der Aggregate eingetragen werden, zum Beispiel: „Soll das Aggregat weiter durchdacht werden oder nicht?“ Oder: „Wie werden die vorliegenden Informationen bewertet?“

Taktgeber mittels	Anzeigen mittels			
	Zeiger	Scheiben	Flüssigkristall	Wendeblätter ...
Unruh				
Pendel				
Nutzfrequenz				
Schwingquarz				

c)   Sonderfall einer morphologischen Matrix – *eine Spalte mit sich selber konfrontieren.*

Beispiel: Paarung verfügbarer Wirkungen (bzw. Funktionseinheiten bzw. Funktionen) x_i $(i = 1 \ldots n)$ eines komplexen technischen Objekts gemäß Erfindungsprogramm (2.14). Die Paare sind daraufhin zu untersuchen, ob und unter welchen Bedingungen nützliche Wirkungen verstärkt oder zusätzlich hervorgerufen bzw. schädliche Wirkungen entschärft oder zur gegenseitigen Kompensation (Tilgung) gebracht werden können. Im günstigsten Fall funktionelle Verschmelzung, Kombinationseffekt: „Das Ganze ist mehr als die Summe der Teile" (synergetischer Effekt). Im Gegensatz zur Aggregation patenthöffig – erfinderische Leistung!

Diese Matrix regt dazu an, alle Paare (X_i, X_j) zu prüfen. Die Tabellenfelder repräsentieren die Paare. Die Felder können zu Notizen genutzt werden:

- Mit welchem Ergebnis wurde die Prüfung ausgeführt? Sollte nicht ein Kombinationseffekt angestrengt gesucht werden?
- Wie werden nach einer ersten Prüfung die verfügbaren Informationen eingeschätzt? (sog. „Problemmatrix" nach J. Müller)

Nach Aufgliederung des jeweils verfügbaren technischen Objekts in Funktionseinheiten und evtl. Subeinheiten kann die abgewandelte morphologische Matrix exemplifiziert werden. Dabei ergibt sich zunächst unter Berücksichtigung von Arbeitsblatt (B.4) (Pendel)

	1.3.1	1.3.2	1.3.3	...	1.5.1.
1.3.1.					
1.3.2.					x
1.3.3.					
⋮					
1.5.1.					

Wenn von der Hauptdiagonale abgesehen wird, enthält die Matrix *mindestens* 12 Felder, die zur Analyse anstehen. Dass die Vernetzung (Verkopplung) von (1.3.2.) und (1.5.1.) genauer als alle anderen betrachtet werden sollte, ist zunächst nur eine Vermutung. Für sie spricht die theoretische Überlegung, dass die Temperaturschwankung gerade beim Pendel nicht an der energetischen Kopplung des Pendels mit dem Hauptantrieb der Uhr stört, sondern am Pendel im engeren Sinne. Das ist ein wichtiges Indiz. Es deutet an, wo die Baumstruktur (B) (Arbeitsblatt (B.4)) tiefer gegliedert, welcher Zweig noch weiter verzweigt werden sollte. Aber noch hat man sehr wenig Anhaltspunkte, was mit dem Pendel geschehen könnte. Den Pendelstab in zwei Komponenten mit gegenseitiger störungskompensierender Wechselwirkung zu spalten ist eine beachtenswerte heuristische Aufforderung. Aber man weiß noch wenig, wie die Spaltung und wie die Einheit der Komponenten aussehen könnte.

Des beste ist, (1.3.2.) zunächst einmal tiefer zu gliedern und mindestens die Positionen (1.3.2.1.) bis (1.3.2.2.) (siehe Arbeitsblatt (B.4)) als Zeile und evtl. auch als Spalte in die Matrix aufzunehmen. Die tiefere Aufgliederung in Teilobjekte (hier Teilfunktionen) erleichtert es, Lösungsmöglichkeiten aufzudecken. Da aber die Vernetzungsmatrix größer geworden ist, sind mehr Felder (Vernetzungsmöglichkeiten) zu durchdenken. Der hohe Zeit- und Denkaufwand ist aber berechtigt, denn er ist jetzt auf den Abschnitt gerichtet, in dem Aussichten auf überdurchschnittlichen Effektivitätszuwachs (überdurchschnittlich günstiges Ergebnis von Nutzungen zu Realisierungsaufwand) bestehen.

Über die Paarbildung hinausgehend können auch Tripel (X_i, X_j, X_k) im Sinne einer dreidimensionalen Matrix gebildet werden. Die Tripelbildung kann aber dazu führen, dass riesige Variantenmengen geprüft werden müssen, was entsprechende Kapazitäten erfordert. Deshalb empfiehlt sich, auch andere Wege zu Lösungsansätzen in Betracht zu ziehen, vor allem die Fortsetzung der Problemanalyse gemäß Erfindungsprogramm.

B.6. Aufgliederung von Teilsystemen in elementare Funktionseinheiten

Heuristisches Ziel des Aufgliederns:

- Aufklären funktioneller Zusammenhänge in technischen Systemen
- Erkennen und Lokalisieren der Ursachen schädlicher Effekte
- Abgrenzen eines kritischen Funktionsbereiches
- Bestimmen des technisch-naturgesetzmäßigen Bedingungsgefüges (ABER)
- Aufbau von Schlüsselvarianten für erfinderische Lösungen
- Eingrenzen einer kritischen Wirkstelle
- Aufdecken naturgesetzlicher Wirkprinzipe in Elementerfunktionen der Basisvariante

Heuristischer Bezug zum Erfindungsprogramm:

Positionen 2 (2.6., 2.7., 2.8.), 5 (5.2., 5.3., 5.4.), 8 (8.2.) vgl. auch Lehrmaterial Teil 3, Abschnitte 2.5. und 4.3.

Heuristische Voraussetzungen:

- prozessbezogene Funktion
- objektbezogene Überführungsfunktion
- technisch-technologisches Prinzip

des Teilsystems bekannt bzw. gewählt.

Heuristisches Vorgehen:

Identifizieren, Definieren und/oder Generieren

- des Verfahrensprinzips des Teilsystems
- des Funktionsprinzips des Teilsystems
- des Technischen Prinzips des Teilsystems
- der gemäß Verfahrensprinzip notwendigen und gemäß Funktionsprinzip hinreichenden Verfahrensstufen
- der gemäß Funktionsprinzip notwendigen und gemäß technischen Prinzips hinreichenden Verfahrensschritte (Operation, Operand)
- der gemäß technischem Prinzip notwendigen und den ABER genügenden technischen Mittel-Wirkung-Beziehungen (Operator, Gegenoperator, Gegenoperation).

Erläuterungen: Was sind die Bestimmungsgrößen elementarer Funktionseinheiten? Vier Beispiele unterschiedlicher Komplexität.

Erstes Beispiel: Metalle formen in der Schmiede.

Die Hauptfunktion hat eine charakteristische Teilfunktion. Diese besitzt nur eine einzige Elementarfunktion. Ihre Komponenten sind:

- Operator (Or) – der Hammer
- Operation (On) – beschleunigte Bewegung des Hammers bis zu seiner Einwirkung auf das Schmiedestück
- Operand (Od) – das Schmiedestück (erwärmt plastisch verformbar).

Die Operation würde nicht die beabsichtigte Wirkung haben, wenn das Schmiedestück (Od) bei der Operation (On) des Or auf dem weichen Erdboden liegen würde. Erforderlich sind deshalb

- als GOr der Amboss, d.h. ein Körper mit den Eigenschaften
  - elastisch
  - Massenträgheit so groß, dass bei maximaler Kraft des Hammers die auf die Partikel der Oberschicht des Erdbodens unter dem Amboss ausgeübte Beschleunigung nicht zum Nachgeben des Untergrundes führt;
- als GOn: Aufbau der für die Verformung des Od notwendigen Gegenkraft.

Nutze in analogen Situationen das folgende Muster und suche es auszufüllen:

	Operator Or	Operation On	Operand Od	Gegen- operation GOr	Gegen- operator GOn
Elementar- funktion F_{ij}					

Zweites Beispiel: Fixieren eines Bootes gegen Abdrift – ehemals unter Verwendung eines schweren, aus dem Boot geworfenen monolithischen Körpers.

Wie konnte die Wirksamkeit der Fixierung des Bootes erhöht werden? Konnte die *Ursache* der unerwünschten Abdrift genutzt werden, um ihre eigene Auswirkung zu überwinden? (Die Ursache überwindet sich selbst. Sog. „Selbstmordschaltung"). In derartigen Situationen sind die möglicherweise rückführenden Komponenten mit derselben Sorgfalt zu untersuchen wie die hinführenden. Im vorliegenden vereinfachten Beispiel werden die beiden interessierenden Prozesse wie zwei entgegengesetzt ablaufende Elementarfunktionen behandelt:

	Or	On	Od	GOr	GOn
Funktion „Hin"	Körper auf Meeresgrund	fixiert mittels Schwerkraft und Trägheit	Schiff	Ziehen mittel Leine	Wind, Strömung
Funktion „Zurück"	Wind, Strömung	Drücken	Schiff	Ziehen	Körper, Meeresgrund

Die unerwünschte Wirkung des Windes *selbst,* (siehe erste Zeile) kann mittels des Schiffes selbst zur Quelle von Nutzen gemacht werden: „Verwandle Schädliches in Nützliches." (Altschuller).

Wind und Schiff werden durch Aufschreiben von Hin-Prozess *und* Zurück-Prozess leichter als Potenzen erkannt, die eine „Maschinerie" zur *Befestigung* des Körpers am Meeresgrund antreiben können. Bekanntlich wurde dem ursprünglichen Monolithen eine Struktur verliehen, durch die er selbst zu dieser „Maschinerie" wird. Eine eigentliche, besondere Maschinerie ist gar nicht notwendig. Kraftschluss am Meeresboden geht dabei in Formschluss über. Analog wurde beim „Pendel" erkannt, dass die umweltinduzierte Wärmedehnung des (ursprünglich monolithischen) Pendelstabes die Antriebskraft für eine kompensierende Relativ-Verstellung des Pendelgewichts sein kann.

Drittes Beispiel: „Schiff/Anker" – Beschreibung des gegenwärtigen technischen Prinzips unter Verwendung aufgegliederter Elementarfunktionen. Das Fixieren des Schiffs ist dabei aufgefasst als Hilfsfunktion unter Nutzung der zu verhindernden Nebenwirkung der Hauptfunktion (= Selbstkompensation einer schädlichen Wirkung):

Verfahrens-stufe	Operation	Operand	Operator	Gegen-operator	Gegen-operation
Herstellen einer festen Verbin-dung zum Meeres-grund	Positio-nieren	Schiff	Antrieb, Ruder	Wind, Strömung, Seegang	Abdriften, Abtreiben
	Versenken	Anker	Seil	Wasser	Auftrieb
	Schleppen	Anker	Seil und Schiff in Wind, Strömung, Seegang	Meeres-boden	Verhaken, Veran-kern

Viertes Beispiel: „Kraftfahrzeug", Teilfunktion „Erzeugen des mechanischen Antriebs"; mögliche technische Prinzipe: „Viertakthubkolben" und „Zweitakthubkolben". Die beiden Abbildungen 1 und 2 zeigen, wie beim bisherigen Stand der Technik die Teilfunktion aufzugliedern ist. Die in den beiden Abbildungen dargestellten Aufgliederungen dienen der Beschreibung des bisherigen Stands der Technik. Sie sind eine Grundlage seiner Kritik sowie der Analyse zum Zwecke der Weiterentwicklung.

| | | Elementarfunktionen/Funktionseinheiten | | | | |
| Verfahrens-stufe | lfd. Nr. | Verfahrensschritte | | Mittel-Wirkung-Beziehungen | | |
		Operation	Operand	Operator	Gegen-operator	Gegen-operation
Herstellen des zünd-würdigen Kraftstoff-gemischs	1	Ansaugen in den Verbren-nungs-raum	Kraftstoff, Luft	Kurbel-trieb, Kolben, Einlass-ventil	Vergaser	Zerstäuben im Luftstrom
	2	Antreiben von uT nach oT	Kolben	Kurbel-trieb	Zylinder-wandung, Zylinder-kopf	Aufbau des zünd-gerechten Drucks des Kraftstoff-Luft-Gemischs
Erzeugen des Antriebs-drucks	3	Zünden	Kraftstoff-Luft-Gemisch	Zündkerze	Verbren-nungs-raum	Ausbreiten der Druck-front
	4	Übertragen	Druck des Verbren-nungsga-ses	Kolben, Pleuel-stange	Kurbel-welle, Kurbel-lager	Bereit-stellen des Gegen-moments
Wieder-herstellen des arbeits-fähigen Eingangs-zustandes	5	Ausstoßen	Verbren-nungsgas	Kurbel-trieb, Kolben, Auslass-ventil	Auspuff-anlage	Abbauen des Rest-drucks des Verbren-nungsga-ses

Abbildung 1. Verfahrensstufen, Elementarfunktionen und operationales Ablaufschema zum Viertakthubkolbenmotor

| Verfahrensstufe | lfd. Nr. | Elementarfunktionen/Funktionseinheiten | | | | |
| | | Verfahrensschritte | | Mittel-Wirkung-Beziehungen | | |
		Operation	Operand	Operator	Gegenoperator	Gegenoperation
Herstellen des zündwürdigen Kraftstoffgemischs	1	Ansaugen in das Kurbelgehäuse	Kraftstoff, Luft	Kurbeltrieb, Kolben, Einströmkanal	Vergaser	Zerstäuben im Luftstrom
	2	Antreiben von uT nach oT	Kolben	Druck des Verbrennungsgases	Kurbelgehäuse	Vorverdichten des Kraftstoff-Luft-Gemischs
	3	Einleiten in den Verbrennungsraum	vorverdichtetes Kraftstoff-Luft-Gemisch	Überstromkanal, Kolben	Restdruck des Verbrennungsgases	Örtliches Vermischen von Kraftstoff-Luft-Gemisch und Verbrennungsgas
	4	Ausspülen	Verbrennungsgas	Kraftstoff-Luft-Gemisch im Verbrennungsraum	Kolben, Ausströmkanal, Auspuffanlage	Rückstau des Verbrennungsgases
	5	Antreiben von uT nach oT	Kolben	Kurbelantrieb	Zylinderwandung, Zylinderkopf	Aufbau des Drucks des Kraftstoff-Luft-Gemischs
Erzeugen des Antriebsdrucks	6	Zünden	Kraftstoff-Luft-Gemisch	Zündkerze	Verbrennungsraum	Ausbreiten der Druckfront
	7	Übertragen	Druck des Verbrennungsgases	Kolben, Pleuelstange	Kurbelwelle, Kurbellager	Bereitstellen des Gegenmoments
Wiederherstellen des arbeitsfähigen Eingangszustandes	8	Ausstoßen	Verbrennungsgas	Druck des Kraftstoff-Luft-Gemischs, Ausströmkanal	Auspuffanlage	Abbauen des Restdrucks des Verbrennungsgases

Abbildung 2. Verfahrensstufen, Elementarfunktionen und operationales Ablaufschema zum Zweitakthubkolbenmotor

Zusammenhang zwischen Takt und Elementarfunktionen

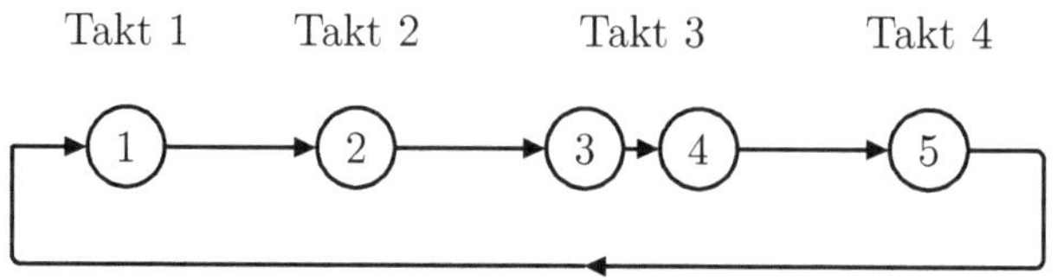

... bei einem Viertakthubkolbenmotor

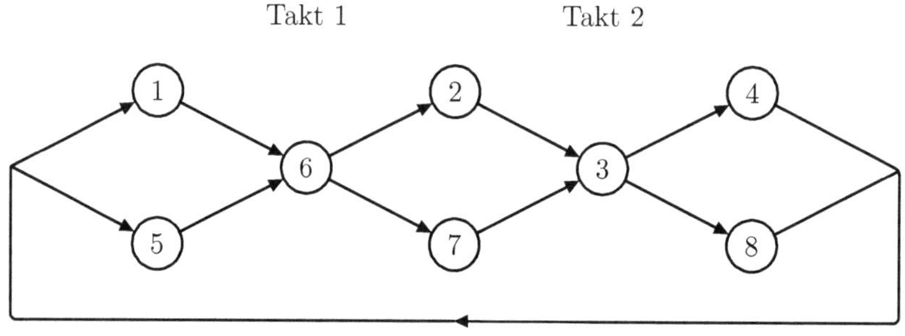

... bei einem Zweitakthubkolbenmotor

Heuristischer Kommentar zum Beispiel „Zweitakthubkolbenmotor"

- Unerwünschter Effekt: Spülverluste, dadurch Begrenzung der Leistung, Erhöhung des Kraftstoffverbrauchs und Belastung der Umwelt.
- Kritischer Funktionsbereich: Takt 2 mit den Elementarfunktionen 3, 4, 8.
- ABER folgen aus den funktionellen Erfordernissen der gegenseitigen Anordnung der verbrennungsraumseitigen Öffnungen von Auslass- und Überstromkanal gemäß Konstruktionsprinzip (keine Ventile): sie lassen durchmischungsfreie Spülung ohne

Beeinträchtigung der Funktionsfähigkeit nicht zu (technisch-technologischer Widerspruch).

- IDEAL: Frischgasgemisch verdrängt in steiler Druckfront das Verbrennungsgas vollständig ohne Durchmischung (schneller Durchgang!); technische Voraussetzung: Erhöhung des Ladedrucks des vorverdichteten Frischgasgemischs.
- Lösungsidee zur Schaffung der technischen Voraussetzungen für das Ideal (außerhalb des kritischen Funktionsbereichs): Abdichten des Zylinderraums gegen den Kurbelraum, möglich gemacht durch starre Kolbenstange, eingebetten in Trennwandgleitlager; Kraftübertragung auf Antriebswelle (Momenterzeugung) über Kulissenstein und Kurbelschlaufe im Gegentakt zu einem um 180° versetzt angeordneten zweiten Zylinder mit analoger Kolbenstangenanordnung. Dadurch wird bedeutend geringeres Volumen unterhalb des Kolbens im unteren Totpunkt und damit höhere Vorverdichtung in Elementarfunktion 2 sowie höherer Ansaugdruck in Elementarfunktion 1 erreicht. Außerdem wird damit Druckölumlaufschmierung im Kurbelgehäuse möglich.

Vorläufiges Ergebnis: Prototyp, 65 kW, 5500 U/min, Hubraum 1 l, ausgestellt auf der Hannover-Messe 1988 vom Entwicklungsbüro Ficht GmbH, Kirchseeon bei München, BRD. „Der Ficht-Motor läuft äußerst ruhig, verbrennt kein Öl mehr, und seine Abgase sind so kohlenwasserstoffarm wie die von Viertaktern“; Auszeichnung mit Philip-Morris-Preis.

Enteicklungsperspektiven: 100 PS bei 1 l Hubraum; Bauvolumen etwa 30% und Masse etwa 40% niedriger als bei Viertakter gleicher Leistung; Kraftstoffverbrauch des Viertakters erreichbar. Hinsichtlich Stickoxydemission wesentlich günstiger.

Entwicklungstendenzen: Analoge Entwicklung bei General Motors (Lizenz von Sarich, Australien), elektronische Magergemischeinspritzung (Übergang zum Funktionsprinzip des aufgeladenen Motors), Reduzierung der Masse auf 95 Pfund bei 90 PS. Der Zweitaktmotor „Könnte alle heutige Motortechnik in den Schatten stellen" (David E. Cole, Forschungsleiter für Antriebstechnik an der Universität Michigan). Zitate: high Tech. 8. Aug. 1988, S. 66–68.

B.7. Auflisten technisch-ökonomischer Widersprüche

Grundlage: erste Systemanalysen gemäß Erfindungsprogramm Abschnitt 2. und 3. Nutzbar zur Realisierung der Positionen (2.15) und (4.1–4.4) des Erfindungsprogramms.

Sie ist Voraussetzung zur Ermittlung des gravierenden Widerspruchs (der gravierenden Widersprüche) durch Experteneinschätzung oder durch erneute Nutzung systemtheoretischer Arbeitsmittel.

Das folgende Schema zeigt die Grundform: Die technisch-ökonomischen Paramter X_i sind aus den ABER und den Zielgrößenkomponenten herausgearbeitet. Es besteht ein überschlägiger Einblick oder besser durch Systemanalyse erzielte genaue Einsicht in ihre Zusammenhänge, die durch die *technische* Struktur der Basisvariante (Startvariante, Referenzmuster im Stand der Technik) bestimmt sind. Nun verbessert man (in Gedanken oder experimentell) einen technisch-ökonomischen Paramter nach dem anderen. Welche Konsequenzen hat das für jeden technisch-ökonomischen Parameter? Zuvor kann eine Tabelle dieser Art bereits benutzt worden sein, um Feld für Feld Noten für die Aussagekraft vorliegender Informationen einzutragen. (Problemmatrix nach J. Müller). Jetzt geht es aber darum: Was geschieht? Die Ergebnisse werden durch Symbole oder Notizen in der Tabelle vermerkt.

Beim momentanen Stand der Analyse interessiert:

- Sind die Konsequenzen erwünscht? Verhalten sich die Paramter „kooperativ", so dass eine Verbesserung die andere befördert? Wozu kann das ausgenutzt werden?
- Sind Konsequenzen etwa nicht sichtbar? Verhalten sich die Parameter bei Werte-Variation indifferent zueinander? Oder werden tatsächlich bestehende Abhängigkeiten durch ein Drittes verdeckt?

- Ist die Konsequenz unerwünscht? Hat die Verbesserung der Werte eines Parameters die Verschlechterung der Werte anderer zur Folge? Schließen sich die Verbesserungen gegenseitig und in zunehmendem Maße aus? Die Zwangsläufigkeit der Ausschließung ist dann die Einheit dar Gegensätze. Ein (dialektischer) technisch-ökonomischer Widerspruch liegt vor. Im jetzigen Stadium der Analyse kommt es darauf an, vor allem dies in der Tabelle zu vermerken.

Man kann sich das nachfolgende Muster vorstellen als eine Abwandlung der von Altschuller vorgeschlagenen Tabelle technischer Widersprüche (Altschuller unterscheidet nicht zwischen technisch-ökonomischen und technisch-technologischen Widersprüchen). Altschuller nimmt an, dass es generell 39 verschiedene Klassen technischer Parameter gibt. Jede Klasse wurde von ihm zum einen als Eingang einer Zeile und zum anderen (zugleich) als Eingang einer Spalte geschrieben, so dass eine Tabelle mit 39 mal 39 Feldern entstanden ist (vgl. Arbeitsblatt (B.10)):

	1	2	3	...	39
1					
2					
3					
⋮					
39					

Der Nutzer hat nun herauszufinden, in welcher Klasse (Zeile sowie Spalte) die von ihm herausgearbeiteten Parameter X_i liegen. Die Felder der Tabelle können dann wie vorstehend beschrieben ausgefüllt werden. Altschuller selbst springt an dieser Stelle unvermittelt in die Lösungsphase, indem er generell angibt, welche

Lösungsstrategien sich in der jüngeren Technikgeschichte als besonders erfolgreich erwiesen haben. Als Lösungsstrategien fungieren hierbei die vierzig Prinzipe zur Lösung technischer Widersprüche (siehe Arbeitsblatt (B.10)), deren Nummern von Altschuller in seine allgemein empfohlene Tabelle eingetragen sind.

Es hat den Anschein, als genüge es, die Matrix unterhalb der Hauptdiagonale auszufüllen. Da aber $X = f(X_e)$ eine nichtlineare Funktion sein kann, braucht $\left(X_k^{\uparrow}, X_i^{\downarrow}\right)$ nicht dasselbe zu sein wie $\left(X_k^{\downarrow}, X_i^{\uparrow}\right)$.

Di vorstehende Matrix kann auch bei Analysen sehr komplexer Systeme genutzt werden, die erforderlich sind, um noch im Vorfeld spezifizierter Erfindungsaufgaben, etwa bei perspektivischen Analysen komplexer F/E-Projekte, vorläufige Einsichten in Problemschwerpunkte zu gewinnen. So ergab eine Analyse der Zielgrößenkomponenten für ein universell nutzbares mobiles Fassadenlift-System (Bauwesen) folgende hypothetische Auflistung der erforderlichen Teilfunktionen:

1. Arbeitsbühne antreiben
1.1. Treiben
1.2. Fahren
1.3. Last umlenken
2. Arbeitsbühne halten
2.1. Halten
2.2. Auflager (auf Bauwerkshülle) ermöglichen
2.3. Bremsen
2.4. Lastmoment kompensieren (z.B. Ballast, Gegengewicht)
3. Anpassen an Gebäudeprofile verschiedener Art
3.1. An Grundriss anpassen
3.2. An Längsprofil anpassen

3.3. An Querprofil anpassen
4.   Montierbarkeit gewährleisten
4.1. Funktionseinheiten präzis distanzieren
4.2. Verbindungen zuverlässig gewährleisten
4.3. Handhabbarkeit der Elemente für rasche Montage und Demontage gewährleisten
4.4. Elemente nach Montage justieren

Es wurde ein Referenzmuster zugrunde gelegt, aber hinsichtlich der vorstehenden $3 + 4 + 3 + 4$ Funktionen wurden gedanklich die Anforderungen erheblich verschärft. Dazu wurde die folgende Matrix formuliert. Kollektive Experteneinschätzung ergab, dass die Aufmerksamkeit voraussichtlich auf acht Widersprüche zu richten ist, mit denen bei erheblich verschärften Anforderungen vor allem unter dem Gesichtspunkt der Herstellungsökonomie zu rechnen ist. Das wurde in der Matrix durch Kreuze symbolisiert:

	1.1	1.2	1.3	...	2.3	2.4	3.1	...	4.4
1.1									
1.2									
1.3									
2.1									
2.2	x								
2.3									
2.4	x								
3.1						x			
3.2									
3.3						x			
4.1	x								
4.2	x								
4.3	x								
4.4	x								

Weitere Experteneinschätzung ergab, dass drei der acht voraussehbaren technisch-ökonomischen Widersprüche vermutlich Schlüsselcharakter haben. Demnach wären deren Lösungen die Eckpfeiler der weiteren Arbeit.

B.8 Ermitteln technisch-ökonomischer Widersprüche

Grundlage: Abhängigkeiten technisch-ökonomischer Parameter X_i von technisch-technologischen Parametern Y_j. Arbeitsblatt nach [12].

Das Arbeitsblatt kann nach der Systemanalyse sehr präzisiert ausgefüllt werden, wie dies auch im Erfindungsprogramm Abschnitt 2 empfohlen ist. Im Arbeitsblatt können die Ergebnisse festgehalten werden, die gemäß Erfindungsprogramm (2.15), (4.1) und (4.2) zu erarbeiten sind. (Ausführliche Analyse in [12]).

Das nachfolgende Schema ist als Beispiel ausgeführt, eine ausführliche Analyse ist in [12] zu finden. Die *technisch-ökonomischen* Parameter sind so normiert, dass ihre Zahlenwerte steigen müssen, um die ABER und die Zielgröße zu erfüllen. Im Schema wird mit Pfeilen ausgewiesen, wie sich dann – den systemanalytisch zuvor ermittelten Zusammenhängen folgend – die Werte der *technisch-technologischen* Parameter verändern müssten. Das Schema vermittelt nun den Überblick, dass ein Teil der technisch-ökonomischen Parameter *gerade aufgrund der Zusammenhänge* im technischen Objekt *zwangsläufig entgegengesetzte, einander ausschließende* Forderungen an technisch-technologische Parameter stellt. Daraus folgt – wie ablesbar –:

Beim Stand der Technik ergeben sich mehrere technisch-ökonomische Widersprüche. Kräftiges Verbessern eines technisch-ökonomischen Parameters führt – beim Stand der Technik – zwangsläufig zum Verschlechtern eines anderen. Die Zwangsläufigkeit beruht auf der gemeinsamen, aber entgegengesetzt gerichteten Abhängigkeit von ein und demselben technisch-technologischen Parameter.

Die folgende Wiedergabe weicht in einigen Bezeichnungen von [12] ab. Die Analyse ist in der nachfolgenden Darstellung nicht enthalten.

Das Beispiel betrifft die Erhöhung der Qualität und der Herstellungsökonomie von Eiskrem im Strang, von dem leicht Portionen zum Verpacken abgetrennt werden können. Die technisch-ökonomischen Parameter sind als Zeileneingänge notiert. Die jeweils vorrangig zu beachtenden technisch-technologischen Parameter, von denen erstere abhängen, sind als Spalteneingänge aufgeschrieben. Es bedeuten:

- Y_1 Temperatur der Eiskrems vor und nach dem Härten
- Y_2 Temperaturdifferenz der Gefriereinrichtung während der Härtezyklen
- Y_3 mittlere lineare Gefriergeschwindigkeit der Eiskrem
- Y_4 Pausenzeit in der Förderbewegung des technischen Systems
- Y_5 Wärmedurchgangsfläche vom Eis zur Gefrierkrem.

Die Pfeile zeigen an, wie sich die Werte der technisch-technologischen Parameter ändern müssten, wenn die Werte der technisch-ökonomischen Parameter in Bezug auf ein Referenzmuster verbessert werden sollen.

	TTP				
TÖP	Y_1	Y_2	Y_3	Y_4	Y_5
X_1 Oberflächengüte der Softeis-Portion	↑	↑		↓	
X_2 Geschmack der Stücke	↓	↓	↑		
X_3 Handhabbarkeit der Portionen				↑	
X_4 Transportökonomie				↓	
X_5 spezifischer Energiebedarf pro Portion	↓	↓			↑
X_6 Gefrierzeit			↑		↑
X_7 Zuverlässigkeit des Einfüll-, Härte- und Ausformprozesses	↑	↑		↑	↑
X_8 Kontinuität des Einfüll-, Härte- und Ausformprozesses	↓	↓		↓	↓

Aus der Tabelle lässt sich ablesen, dass ein technisch-ökonomischer Widerspruch besteht zwischen

X_1 und X_2 bezüglich Y_9 X_3 und X_8 bezüglich Y_4

X_1 und X_4 bezüglich Y_4 X_4 und X_7 bezüglich Y_4

X_1 und X_5 bezüglich Y_1, Y_2 X_5 und X_6 bezüglich Y_5

X_1 und X_6 bezüglich Y_1, Y_2 X_5 und X_7 bezüglich Y_1, Y_2

X_1 und X_6 bezüglich Y_1, Y_2 X_6 und X_7 bezüglich Y_1, Y_2, Y_5

X_2 und X_7 bezüglich Y_1, Y_2 X_6 und X_3 bezüglich Y_5

X_2 und X_8 bezüglich Y_1, Y_2 X_7 und X_8 bezüglich Y_1, Y_2, Y_4

X_3 und X_4 bezüglich Y_4

Außerdem zeigt die Tabelle, welche technisch-ökonomischen Parameter bezüglich welcher technisch-technologischen Parameter *kooperativ* sind. Zwei technisch-ökonomische Parameter können sowohl gegensätzlich als auch kooperativ zueinander sein, je nach dem technisch-technologischen Parameter, in dessen Abhängigkeit das Paar der beiden technisch-ökonomischen Parameter betrachtet wird.

Schließlich kann ein Parameter auch in sich selbst widersprüchlich sein, nämlich gespalten nach den Konsequenzen, die es (unter einem übergreifenden Gesichtspunkt – hier der Effektivitätsentwicklung) bei anderen hierzu notwendigen Faktoren hervorruft. Diese Konsequenzen können einander entgegengesetzt sein. Damit kann die Tabelle speziell auch als Veranschaulichung der Position (4.2b) des Erfindungsprogramms dienen.

In der Terminologie des Erfindungsprogramms (Position (2.15b)) sind die Y_i der vorstehenden Tabelle „Leitgrößen", z.B. „Führungsgrößen". Der Tabelle entsprechen die Analyseresultate, die gemäß Erfindungsprogramm (2.15a), (2.15b), (2.15c), (4.1), (4.2) und (5.1) zu erarbeiten sind. Die in (4.4) enthaltene Empfehlung, denjenigen technisch-ökonomischen Widerspruch auszuwählen, der Schlüsselcharakter für die Effektivitätsentwicklung besitzt, erleichtert natürlich die nachfolgenden vertiefenden Systemanalysen.

Im vorliegenden Beispiel gibt die Matrix Anlass zur Vermutung, dass einige technisch-technologische Parameter eine Art Schlüsselcharakter für die Entstehung mehrerer technisch-ökonomischer Widersprüche besitzen. Im vorliegenden Beispiel sind von 15 technisch-ökonomischen Widersprüchen 9 von Y_1 oder Y_2 abhängig, darunter 7 ausschließlich. Anders gesagt: Y_1 und Y_2 bringen rund die Hälfte der technisch-ökonomischen Widersprüche hervor. Was bedeutet das heuristisch?

- Es sind Rückschlüsse möglich darauf, wo der technisch-ökonomische Widerspruch zu suchen ist, der Schlüsselcharakter besitzt.
- Dafür kann entscheidend sein herauszufinden, welche technisch-technologischen Parameter Schlüsselcharakter für die Entstehung von technisch-ökonomischen Widersprüchen haben.
- Es lassen sich Vermutungen ableiten, ob die Lösung eines Teils der technisch-ökonomischen Widersprüche zum Gegenstand separater Erfindungsaufgaben werden könnte, im Beispiel etwa die technisch-ökonomischen Widersprüche, die nicht von Y_1 und/oder Y_2 abhängen.
- Es entsteht eine günstige Position, um zu unterscheiden zwischen „technisch-ökonomischen Widersprüchen mit Schlüsselcharakter" und „technisch-ökonomischen Widersprüchen mit dem augenblicklich größten Gewicht im technisch-ökonomischen System". (Diese zwei Begriffe sind streng auseinanderzuhalten.)
- Es bleibt die Entscheidung zu fällen, ob die Aufmerksamkeit auf einzelne oder auf alle technisch-ökonomischen Widersprüche zu richten ist (Linde entschied sich für letzteres). Solche Entscheidungen können dem Leiter vorbehalten sein. Sie sind aber ohne Expertenuntersuchungen gemäß vorstehender Tabelle nicht rational begründbar.

- Die vorstehende Tabelle zeigt nicht nur im Sinne des Erfindungsprogramms (Position (4.4)), welche technisch-ökonomischen Parameter hinsichtlich ihrer Konsequenzen innerlich in Gegensätze gespalten sind, sondern auch, bei welchen technisch-technologischen Parametern bezüglich ihres Einflusses auf technisch-ökonomische Widersprüche eine (innere) dialektische Spaltung eintritt.

  In der sog. Spin-Glas-Theorie werden analoge dialektische Erscheinungen derzeit als „Frustration" bezeichnet. Diese Wortwahl ist nur partiell treffend. Sie resultiert aus Assoziationen, die nicht völlig unberechtigt sind.

  Sie behindert zugleich das Anliegen: Weiterführendes Denken in Bewegung zu setzen, im konkreten Widerspruch die Keime seiner Lösbarkeit aufzudecken, die Lösbarkeit erfinderisch nachzuweisen.

- Die spaltenweise Betrachtung der Pfeile in vorstehender Tabelle zeigt, dass unter Y_3 alle Y_i in sich gespalten sind. Die Spaltung technisch-technologischer Parameter zu erkennen führt nahe an die Formulierbarkeit von technisch-technologischen Widersprüchen heran.

Dementsprechend verfuhr Linde. Beim Referenzmuster trat zunächst als Zwischenergebnis der weiteren Systemanalyse folgender schädlicher Effekt in Erscheinung: „Das wechselnde Temperaturniveau der Gefriereinrichtungen zum zuverlässigen Ausformen der Eiskremstücke in jedem Arbeitszyklus von ca. -35 °C auf ca. +20 °C, denn es verhindert eine Verringerung des spezifischen Energiebedarfs und eine Verkürzung der Gefrierzeit."

Weitere schädliche technische Effekte (stE) wurden gesondert betrachtet. Zu dem zitierten stE fand Linde als Ergebnis weiterer Systemanalyse unter Einschluss von Idealbildungen und Herausarbeitung der ABER

- als technisch-technologischen Widerspruch: Der Härteprozess muss kontinuierlich und bei gleichbleibend tiefer Temperatur der Gefriereinrichtung durchgeführt werden.
  Andererseits: Um die Zuverlässigkeit des Ausformens der gehärteten Eiskrem zu sichern, muss die Temperatur an der Kontaktfläche zwischen Form und Eisstück beträchtlich über der Temperatur in der Härtephase liegen.
- als technisch-naturgesetzmäßigen Widerspruch: Zur Ermittlung eines hohen Wärmeübergangs während des Härtens muss zwischen Eiskrem und den Gefrierflächen eine Haftkraft vorhanden sein.
  Andererseits: Zur Erzielung einer zuverlässigen Trennung während des Ausformens darf zwischen Eiskrem und den Gefrierflächen keine Haftkraft vorhanden sein.

Der patentierten Lösung (WP A 23G/198 411 8) liegt insbesondere folgender Gedanke zugrunde: Eiskrem enthält mit der Milch auch Wasser. Das gefrierende Wasser übt auf Grund seiner Anomalie eine Druckkraft auf die Gefrierfläche aus. Das dient dem guten Wärmeübergang, widerspricht aber u.a. den Forderungen an die Ausformbarkeit. Ist nun die Gefrierform (der Querschnitt des Eisstranges) nicht rechteckig, sondern leicht trapezförmig, so entsteht mit der wachsenden Druckkraft eine wachsende Kraftkomponente, mit der sich die Eiskrem „von selbst" aus der Form herausdrückt. Das funktioniert sehr gut, weil die Kohäsion der Eiskrem größer ist als die Adhäsion an den Metallflächen der Gefriereinrichtung.

Auch die anderen Widersprüche wurden gelöst. Die Überleitung in die Produktion ist vollendet. Siehe auch [12].

B.9. Zum Training der historischen Denkweise

Ausnutzung der historischen Denkweise ist für den zielstrebigen Erfinder fundamental und in vielfacher Weise möglich. Im Erfindungsprogramm werden besonders mit den Positionen (1.4), (4.2), (4.3), (7.1), (8.2) objektbezogene entwicklungsgeschichtliche Überlegungen empfohlen. Die folgenden speziellen Anregungen decken nicht das ganze Spektrum ab. Sie müssen ergänzt werden. Doch könnten auch die Operationen der Arbeitsblätter 6 und 7 der historischen Denkweise zugeordnet werden.

Training im erfinderischen Denken schließt nicht nur Training der historischen Denkweise überhaupt, sondern Training der Aufmerksamkeit auf allgemeine Entwicklungsgesetze und allgemeine, oft wiederkehrende Entwicklungsformen in der Technik ein. Dieses spezielle Training der historischen Denkweise trägt dazu bei,

- die Technik in ihrer Entwicklung (und nicht nur in ihrem Stand) zu sehen;
- Differenzierungsvermögen für zu Bewahrendes (das Vorhandene ausschöpfen!) und zu Überwindendes auszubilden;
- die Fähigkeit zur Gewinnung von Anregungen für Denkstrategien (auch qualitativ neue!) aus der Analyse der Entwicklungsdialektik der Technik auszubauen;
- die alte Gewohnheit abzubauen, lineare Abhängigkeiten immer *nur* als lineare und quantitative Veränderungen immer *nur* als quantitative zu sehen;
- das Abstraktionsvermögen zu stärken;
- das Denken in Analogien auszubilden.

In jüngster Zeit sind Vorschläge für zusammenfassende *Listen* von Entwicklungsgesetzen bzw. allgemeinen Entwicklungsformen der Technik veröffentlicht worden. Daraus wird im folgenden eine Auswahl vorgelegt. Diese Auswahl sollte

- im Zusammenhang mit anstehenden Entwicklungs-(F/E)-Aufträgen immer wieder befragt werden;
- vom Ingenieur durch Literaturstudium und vor allem durch eigene Beobachtungen ergänzt, präzisiert und tiefer gegliedert werden;
- zum Training auch mit Beispielen aus der technikgeschichtlichen Literatur belegt werden.

Damit trainiert man das Denken in Analogien. Zugleich ist auch eine kritische Haltung zu den vorgeschlagenen Listen anzuraten.

Im Erfindungsprogramm, Abschnitt (9.3) sind die publizierten Vorschläge en bloc berücksichtigt. Sie sind in den Zusammenhang der empfohlenen situationsspezifischen, bedürfnisgetreuen Analyse einzubetten (Bedürfnis – ABER – Zielgröße – Widersprüche – Ideal usw.).

In diesem Zusammenhang können sie heuristisch wirksam werden. Der Erfinder ist durch die vorangegangenen Analysen aufgeschlossen. Gedankliche Materialien sind in der Vorstellung ausgebreitet. Es müssen *viele* Materialien ausgebreitet sein (schöpferische Tätigkeit!). Aber sie sind ausgebreitet wie Blätter im Wind. Das ist typisch für den schöpferischen Prozess (Neuland!). Oft gelingt es nicht, diese Materialien auch zusammenzuhalten, um sie simultan sehen zu können. Aber im Gehirn soll es stürmen (brainstorming!). Die Vorstellungskraft ist aufs äußerste angespannt. Soll sie außerdem noch in mühseligen Suchprozessen angespannt werden, können die Gebilde der Phantasie, die anfällig sind wie lose Blätter, wie Kartenhäuser unter freiem Himmel, zum Einsturz kommen. In dieser Situation bewirken die Listen erhebliche Entlastung der Phantasie. Sie liegen fertig vor Augen und brauchen nur durchdacht zu werden. Auf ihren Gebrauch muss man vorbereitet sein. Die Vorstellungskraft verfügt dann über freie Kapazität zur Analyse bisher unzugänglicher Zusammenhänge.

Dagegen birgt Nutzung der Listen von Entwicklungsgesetzen und allgemeinen Entwicklungsformen, wenn sie *ohne* situationsspezifische Analyse erfolgt, das Risiko schematischen, unhistorischen, spekulativen Vorgehens in sich und führt in der Regel zu Frustrationen.

Die folgenden Listen enthalten überwiegend Elemente, die dem Ingenieur bekannt sind. Das Eigentümliche besteht darin, dass durch die Listen ermöglicht wird, mühelos mit *Gesamtheiten*, mit „Spektren" von Gesetzen und Entwicklungsformen zu arbeiten.

Liste A der Gesetze der Entwicklung Technischer Systeme

überwiegend nach Altschuller [3] und Linde [12], gekürzt und z.T. modifiziert.

a) Aufbaugesetze. Sie bestimmen die Anfangsperiode im Leben technischer Systeme.

1. Gesetz der Vollständigkeit der Teile eines Systems:
   - Vorliegen der Hauptteile mit funktioneller Mindesteignung
   - Steuerbarkeit mindestens eines dieser Teile

2. Gesetz der energetischen Leitfähigkeit eines Systems:
   - Jedes technische System ist Energiewandler
   - Energieübertragung kann erfolgen
     * stofflich
     * feldförmig
     * stofflich-feldförmig (z. B. Strom geladener Teilchen);
   - Energiebrücken können sein:
     * homogen (Art der Energie bleibt bei Übergang erhalten)
     * heterogen

- Voraussetzung für Steuerbarkeit bzw. Mess- und Nachweisbarkeit eines Teiles:
    * Energieleitfähigkeit
    * Informationsleitfähigkeit.

3. Gesetz der Abstimmung der Rhythmik der Teile eines Systeme:

- Bewegungsablauf aller Teile des Teilsystems aufeinander abgestimmt;
- anzustrebende Abstimmungen
    * Synchronität von Bewegungen
    * Resonanz von Schwingungen
    * Kontinuität des Ablaufs.

b) Entwicklungsgesetze.

1. Gesetz der Erhöhung des Grades der Idealität eines Systems. Gegen null gebracht werden:

- Masse,
- Volumen,
- Fläche,
- Energieverbrauch,
- Abfälle,
- Störungen,
- Stillstandszeiten
- usw.

Aber:

- Arbeitsfähigkeit bleibt erhalten,
- Leistung steigt,
- Operationen erfolgen zunehmend „von selbst".

2. Gesetz der Ungleichmäßigkeit der Entwicklung der Teile eines Systems (Ursache, Erscheinungsform und Folge der Widersprüchlichkeit aller Entwicklung).

Beispiele:

- Schiffsbau: Ungleichmäßigkeit der Entwicklung von
  * Antriebssystemen
  * Bremssystemen
- Elektrotraktion der Eisenbahn:
  * Durchlassfähigkeit der Streckenabschnitte
  * Unabhängigkeit von extremen Wettereinflüssen

3. Gesetz des Übergangs in ein Obersystem: „Nach Erschöpfung seiner Entwicklungsmöglichkeit wird ein System als ein Teil in ein Obersystem aufgenommen: Dabei erfolgt die weitere Entwicklung auf der Ebene des Obersystems."
4. Gesetz der Unerschöpflichkeit der Entwicklung technischer Konzepte – die scheinbare Beharrung beim Alten.
   Die Gültigkeit dieses heuristischen Gesetzes wird häufig angefochten. Wann gilt das Gesetz und wann gilt es nicht?

Beispiele:

- Fahrrad
  * Draisine mit Holzrädern,
  * Stahlrahmenfahrrad mit Luftbereifung,
  * Klapprad (dritte Erfindung des Fahrrads),
  * Tretmobil mit superleichter Verkleidung (Verminderung des Luftwiderstands, Wetterschutz, Konditionstrainer)
    Ein umweltfreundliches, benzinfreies Verkehrsmittel. In den höchst entwickelten Industrieländern in Vorbereitung (vierte Erfindung des Fahrrads)

– Zweitaktmotor für PKW. Dreizylinder-Testmotor mit neuartiger Kraftstoff-Luft-Gemisch-Erzeugung bei General Motors. Vorbereitung der Serienproduktion. (Vgl. Der Neuerer, 7/1988, S. 147; weitere Informationen Arbeitsblatt (B.6))

5. Gesetz der Ausnutzung der Nichtlinearität [30]
Der leichteren Beschreibbarkeit wegen werden mathematische Funktionen zur Widerspiegelung technischer und naturgesetzlicher Vorgänge meist linearisiert. Wird diese gedankliche Vereinfachung wieder zurückgenommen (Umkehroperation), so werden Einblicke in die Entwicklungsperspektive technischer Objekte freigegeben. Vor allem dann, wenn Variable über übliche Variationsintervalle hinausgehend vergrößert oder verkleinert werden (vgl. auch MZK-Operator nach Altschuller), treten Nichtlinearitäten gravierend in Erscheinung. Bisher unbeachtete Wirkprinzipien machen sich unübersehbar geltend, Qualitätsumschläge kommen in Sicht. Das kann schädlich oder nützlich sein. Aus beiden kann der Erfinder Anregungen beziehen. Der Prognostiker kann Voraussagen einleiten.

Grundsatzbeispiele:

– Das Verhältnis von Volumen zur Oberfläche eines regelmäßigen konvexen Körpers wirkt bei Maßstabvergrößerung
  * wie eine Kraft zur Verhinderung von Verlusten (pro Volumeneinheit) im Energieaustausch mit der Umgebung,
  * bzw. wie eine Kraft zur Einsparung von Baukapazität und Material bei der Herstellung von Umhüllungsfläche.

Es wird unter sonst gleichen Bedingungen etwas möglich, was vorher nicht möglich war: Qualitätssprung!

- Die aerodynamischen Kräfte, die an einem Landfahrzeug angreifen, wachsen mit der 2. Potenz der Geschwindigkeit. Es existiert
  * eine Kraft zur Erzeugung zusätzlichen Energieverbrauchs pro Fahrtkilometer,
  * aber auch eine Auftriebskraft, die das Fahrzeug zum Luftfahrzeug machen kann.
- Beim vierbeinigen Typ des Landtieres wächst (annähernd) die Fläche der Füße (die das Gewicht aufnehmen) mit der zweiten, aber das Volumen (Gewicht) des Körpers mit der dritten Potenz der Schulterhöhe. Mit der Schulterhöhe wächst eine belastende Zusatzkraft pro Einheit Fußfläche: Die Baupläne „Wirbeltier" bzw. „Vierbeiner" werden problematisch. Für Landtiere größer als ein Elefant wären andere Baupläne nötig. Die Umkehrung ist noch interessanter: Mit abnehmender Körpermasse der Tiergattungen bestehen – aufgrund anderer Zusammenhänge mit nichtlinearer Charakteristik – Erfordernisse und Möglichkeiten zu originellen Formen des Stoffwechsels und der Fortbewegung, z.B. flugfähige Tiere.
- Nach dem Ohmschen Gesetz ist U eine lineare Funktion von I. Demgemäß hat ein Stück Draht eine lineare (I, U)-Kennlinie. Bei genügender Zunahme des Stromes I erweist sich die Kennlinie des Leiters jedoch als nichtlinear. Das deutet auf Zusammenhänge, die tatsächlich erfinderisch genutzt worden sind oder denen durch Erfindungen entgegengewirkt werden musste.

Man trainiert die Aufmerksamkeit für erfinderisch interessante Zusammenhänge, indem man

- in Gedanken Parameterwerte extrem groß oder extrem klein werden lässt (MZK-Operator nach Altschuller);

- die bekannten oder mutmaßlichen Nichtlinearitäten ins Auge fasst;
- die schädlichen und die nützlichen praktischen Konsequenzen hinzudenkt;
- beim Beobachten seiner Umgebung (Technik, Natur, Gesellschaft) und beim Lesen von Zeitungen, Zeitschriften, Arbeitsberichten, Büchern usw. beiläufig (ohne großen Aufwand) Beispiele sammelt.

Dem Training des Umgangs mit Linearisierungen müsste unter erfindungsmethodischem Gesichtspunkt ein Training des Erkennens, Verfolgens und Durchdenkens von Nichtlinearitäten an die Seite gestellt werden.

c) Entwicklungstendenzen.   (nach Herrig sowie nach Linde)

- Systemzustände vielfältiger
- Systemzustände multistabiler
- Funktionserfüllung einfacher, fast „von selbst"
- Funktionserfüllung anpassungsfähiger
- Strukturvielfalt größer
- Strukturaufbau modularer
- Strukturbindung lockerer
- Struktur dynamisierter (wandelbarer)
- Energiepotential konstanter

Liste B. Evolutionsschritte bei der Herausbildung höher organisierter Strukturen

Einige Evolutionsschritte bei der Herausbildung höher organisierter Strukturen. Auszug aus [17]

1. Aggregation von gleichartigen Funktionselementen bzw. -gruppen (Windmühlenflügel, Wasserrad, Egge, Mehrzylindermotor)
2. Strukturelle Differenzierung und funktionelle Spezialisierung (Hammer, Pfeil und Bogen, mechanische Uhr, Verkehrs- und Nachrichtensysteme)
3. Hierarchische Aufteilung der Gesamtfunktion auf mehrere Funktionsebenen (Takelage von Segelschiffen, Speicherhierarchie in Rechnern)
4. Ausbildung redundanter Strukturen (Säulenhalle, Notbeleuchtung, Bremssysteme in Fahrzeugen, Flugzeugtriebwerke)
5. Ausbildung einer synchronen Rhythmik von gekoppelten Teilprozessen (Galeere, Gewindeschneiden, Webstuhl, Kopplung von Stahlwerk-Walzwerk)
6. Zeitlich begrenzte Funktionsautonomie (Gewichte- und Federuhr, Batteriegeräte, Kraftfahrzeug)
7. Stabilisierung von Stoff- und Energieflüssen durch Anwendung des Speicherprinzips (Zisternen, Wärmespeicher, Pumpspeicherwerke, Werkstückmagazine)
8. Prinzip der Parallelverarbeitung (Satztechnik beim Drucken, Mehrspindelbohrmaschinen, kollektive Halbleitertechnologien, parallele Datenverarbeitung)
9. Teilung von Wirk-, Informations- und Steuerfunktion (Jacquard-Webstuhl, Thermostat, NC-Maschine)
10. Anwendung des Prinzips der bedingten Reflexe (Koinzidenzschaltungen, Speicherdirektzugriff beim Rechner)

11. Systemkompatible Informationsspeicherung (Schrift, Zeichnung, analoge Tonfrequerzspeicherung, digitale Datenspeicherung)
12. Selbstüberwachung und Schutzfunktion (Sicherheitsventil, Sollbruchstelle, Havarieprogramm)
13. Programmierbarkeit (Kurvenscheibe, feste EDV-Programme, frei programmierbarer Rechner)
14. Lernfähigkeit (Teach-in-Roboter, Lernprogramms)

Die Reihenfolge der Aufzählung beansprucht nicht, allgemeingültig zu sein.

B.10. Vierzig Prinzipe zum Lösen technischer Widersprüche. Hinweise

1. Die Liste der 40 Prinzipe ist in [3] zu finden. Eine äquivalente Liste ist enthalten in [2]. Ein Vorläufer dieser Liste ist enthalten in [1]. Dort enthält die Liste nur 35 Prinzipe.
2. Interessant ist auch dank ihrer Struktur eine Tabelle technischer Widersprüche in [3], denen Altschuller besonders geeignete, ausgewählte Prinzipe zugeordnet hat (s.a. Arbeitsblatt B.7/2).
3. Altschuller hat zu allen Prinzipen Beispiele angegeben. Es ist jedoch schwierig, alle Beispiele erfindungsmethodisch exakt zu deuten. Sie wurden deshalb weggelassen.
4. Ist ein technischer Widerspruch herausgearbeitet, sollte die Liste *mehrmals* durchgegangen werden, um Anregungen zur Lösung zu gewinnen.

   In der Regel trägt mehr als ein Prinzip dazu bei, eine Lösung zu finden. Genau besehen könnte man alle *Paare* der 40 Prinzipe bilden und fragen, ob zwei Prinzipe *gepaart* zu einer Lösung führen. Man hätte dann allerdings 1560 Paare auf Lösungsträchtigkeit zu untersuchen. Das würde den Arbeitsprozess erheblich extensivieren.
5. In [35, Kap. 4] gibt D. Zobel eine zutreffende prinzipielle Charakteristik der Prinzip-Liste Altschullers (auf der Basis von [1]). Daraus kann abgeleitet werden, dass etwa zehn der vierzig Prinzipe allgemeine Bedeutung haben und dass bei der Paarbildung der Prinzipe nach Punkt 4 einige wenige Paare von umfassender heuristischer Bedeutung sind.

6. Zobel schlägt vor, beim Auswerten von Fach- und Patentliteratur nicht zuletzt auch darauf bedacht zu sein,

   – Anregungen zur Belegung der Prinzipe mit Beispielen
   – und zur eigenständigen Ergänzung der Liste

   zu empfangen. Dieser Vorschlag ist nachdrücklich zu unterstützen, weil er darauf hinausläuft, das Denken in Analogien zu trainieren.

7. Zugleich ist dem Nutzer der Liste zu empfehlen, selbstständige Überlegungen anzustellen, um die von Altschuller begonnene *Untersetzung* der wichtigsten Prinzipe weiterzuführen.

5 ProHEAL – die inhaltlichen Schwerpunkte

5.1. ProHEAL – Werkzeug für den Ingenieur und Erfinder

Die ABER-Matrix wird dem aufgeschlossenen Betrachter schon viele Anregungen vermittelt haben. Also wird er durch Erhöhung von Parametern in einem oder mehreren Matrix-Feldern erfinderische Lösungen angestrebt und vielleicht auch gefunden haben. Der aufgeschlossene Betrachter hatte es mit der sogenannten *Basisvariante* zu tun, die seinen Überlegungen zugrunde lag. Doch bald schon kann der aufgeschlossene Betrachter auch auf Hindernisse und Grenzen gestoßen sein, die ihn am Weiterkommen hinderten. Dann wurde es schwierig.

Genialen Erfindern kann dann trotzdem eine wünschenswerte Lösung gelingen. Doch der geniale Erfinder arbeitet ja intuitiv. Es wird ihm schon schwerfallen, seine Denkoperationen nachvollziehbar und jedermann verständlich zu protokollieren. Doch Dr.-Ing. Hans-Jochen Rindfleisch, der Hauptautor von ProHEAL, war auch darin genial, ein Programm zum Herausarbeiten von Erfindungsaufgaben und Lösungsansätzen zu entdecken und aufzuschreiben. Dazu musste er mehrere Begriffe konzipieren, um die Schritte, Sprünge und Stationen zu kennzeichnen, die das Herausarbeiten von Erfindungsaufgaben und Lösungsansätzen bestimmen, auch wenn sie dem Betrachter nicht klar vor Augen stehen. Hans-Jochen Rindfleisch war auch ein genialer Analytiker. Ihm zu folgen ist nicht leicht. Das Pro-HEAL in seiner algorithmischen Darstellung ist ein anspruchsvoller Text. Deshalb entwarf Hans-Jochen auch eine erzählende Darstellung der inhaltlichen Schwerpunktr des ProHEAL.

Die Versuche, gängige Parameterwerte technischer Objekte zu verbessern (zu erhöhen), führen zumeist an die Situation heran, in welcher der Ingenieur innehalten muss, um zu sagen: „Ja, aber was darf dabei nicht geschehen?". Das ist eine Frage nach unerwünschten Konsequenzen. Eine Zielstellung des Erfindens beruht auf möglichst genauer Kenntnis aller möglichen „Ja, aber... ". Zu erstreben ist bezüglich eines jeden „ja, aber... " nicht ein „Entweder oder", sondern ein „Sowohl als auch". Der betrachtende Ingenieur fühlt sich nun in einem Teufelskreis gefangen. Die „ja aber... " signalisieren, dass ein dialektischer Widerspruch besteht: Zwei Tendenzen sind einander entgegengerichtet – Kampf der Gegensätze –, jeweils eine Tendenz bringt eine andere zwangsläufig hervor, oft auch mehrere andere. Die ABER-Matrix hilft wahrzunehmen und zu verstehen, was geschieht. Eben das beginnt mit den oben signalisierten ABER in der ABER-Matrix. Worauf der Betrachter sich von Beginn an bezieht, ist das Bedürfnis der Gesellschaft, des Herstellers, des Anwenders. Daraus muss nun eine konkrete Zielstellung entwickelt werden. Sind nach den ersten Anläufen keine Widerspruchslösungen gefunden worden, müssen weiterführende Fragen zur Basisvariante gestellt und beantwortet werden. ProHEAL zeigt Möglichkeiten:

Die obligatorische Zielgröße (entweder vollständig vorgegeben oder vom verantwortungsbewussten Ingenieur vervollständigt) war in Abschnitt (1.3) (des ProHEAL) als Ausdruck des Systems der ABER gekennzeichnet worden. Aus der Zielgröße werden die technisch-ökonomischen Parameter abgeleitet. Dass einige oder viele von ihnen sich kräftig verbessern sollen (aber keiner sich verschlechtern soll), ist zunächst nur ein Auftrag oder Wunsch. Sie haben ihr Wurzelgeflecht im System der technisch-technologischen oder technisch-naturgesetzlichen Eigenschaften der Basisvariante und sind durch diese Eigenschaften miteinander verbunden, vernetzt. Aus diesen Verbindungen ergeben sich im System der ABER zwangsläufig die

„ja, aber", die erfinderisch – durch Wandlungen in der Basisvariante – in „sowohl als auch" zu überführen sind. In dieser Zwangsläufigkeit liegt die Schwierigkeit des zielstrebigen, wirksamen Erfindens.

Die „ja aber" werden umso heikler und umso akuter,

- je kräftiger die Effektivität E gesteigert werden soll, weil dann Grenzbereiche der nur optimierenden Verbesserung des technischen Objekts erreicht werden oder überschritten werden müssen;
- je konsequenter die Zielgröße – das System der ABER – in ihrer Komplexität respektiert wird, sodass Verbesserungen hinsichtlich einiger Parameter nicht mehr „unter der Hand" auf Kosten von Verschlechterungen anderer Parameter erzielt werden können, die man unzulässigerweise ignoriert.

In dieser Situation bringen die „ja, aber" zum Ausdruck: Achtung! Wenn ich einen Parameter sehr stark verbessern will, kann sich – zunächst einmal, beim Stand der Technik – ein anderer verschlechtern, und das darf in der Regel nicht sein. Wenn – zunächst einmal, beim Stand der Technik – die Verbesserung eines Parameters einen anderen zwangsläufig beeinträchtigt oder ausschließt oder gar zur Verschlechterung eines anderen Parameters führt, ist ein technisch-ökonomischer Widerspruch eingetreten.

In der technisch-ökonomischen Entwicklung können solche Widersprüche eine Zeit lang in Kauf genommen werden. Das ist dann möglich,

- wenn sie ihrer Bedeutung (ihrem Gewicht) nach nicht gravierend sind, weil die im Widerspruchsverhältnis stehenden Parameter (je ein Parameter des Widerspruchspaares oder beide) im Gesamtsystem nicht gravierend sind; anders gesagt, wenn die komplexe Zielgröße (das System der ABER) eine entsprechende Unterscheidung zwischen grundlegenden und weniger wichtigen Parametern zulässt.

- wenn der Widerspruch im Anfangsstadium der Entwicklung steht, wo sich die Verbesserungen beider Parameter schon gegenseitig beeinträchtigen, aber noch nicht gegenseitig ausschließen. In diesem Anfangsstadium kann auf dem Stand der Technik durch Optimierung (Kompromissbildung) noch ein günstiger, mitunter ausreichend erhöhter Wert für jeden der beiden Parameter gefunden werden.

Die Erfindungsmethode muss nun das Bewusstsein hervorrufen,

- wie der zu lösende technisch-ökonomische Widerspruch durch Analyse des technischen Objekts – genauer: der Basisvariante – bestimmt wird. Welche Zusammenhänge im technischen Objekt sind „verantwortlich" für die Konfliktsituation im System der ABER? Diese primären, häufig komplexen Zusammenhänge sind meist nicht ohne Weiteres entflechtbar. Wie die Analyse bis zur Bestimmung des technisch-ökonomischen Widerspruchs getrieben werden kann, zeigen die Abschnitte 1 bis 4 des „Erfindungsprogramms".
- wie man den noch tiefer im technischen Objekt, in seiner Struktur verborgenen Punkt oder sekundären Zusammenhang findet, wo Parameter so geändert werden können, dass der primäre Zusammenhang (s.o.), welcher dem technisch-ökonomischen Widerspruch zugrunde liegt, unschädlich gemacht werden kann. Das führt auf die Frage nach dem technisch-technologischen und evtl. nach dem technisch-naturgesetzlichen Widerspruch, der aufgedeckt werden muss, wenn der technisch-ökonomische Widerspruch zum Verschwinden gebracht werden soll. Vgl. hierzu die Abschnitte 5 bis 9 des „Erfindungsprogramms".

Das zielstrebige Erfinden ist zu einem beträchtlichen Teil tiefgründige Analyse. Aus dieser ergeben sich schrittweise die Lösungsansätze: Nicht nur der Suchraum wird eingegrenzt. Durch die Herausarbeitung der genannten Widersprüche entsteht vor allem das Bild von der Struktur des zu lösenden Problems. Es zeichnet sich ab, welche Lösungsstrategie zu wählen ist, siehe dazu vor allem die Abschnitte 8 und 9 des „Erfindungsprogramms". Auf diese Weise geht die Analyse allmählich in die Lösung über. Das beginnt – genau besehen – bereits in Kapitel 2 des „Erfindungsprogramms".

5.2. Die Grundstruktur des ProHEAL

Verschaffen wir uns Einblick in den Prozess, der von der Zielgröße ausgehend immer tiefer in die technisch-technologischen Zusammenhänge im Inneren des technischen Objekts und in deren naturgesetzliche Bedingtheit hineinführt. Knüpfen wir dabei an den schon umrissenen Begriff des technisch-ökonomischen Widerspruchs an.

Zuvor ist jedoch der Begriff *Führungsgröße* zu definieren. Die Führungsgröße ist ein systemspezifischer Parameter von zentraler Bedeutung, durch dessen Variation die Entwicklung der Leistungsfähigkeit und/oder der Effektivität eines technischen Systems erhöht werden soll. Anders gesagt: Solche Erhöhungen werden – meist auf Grund langjähriger Erfahrungen – als Folge einer Variation der Führungsgröße erwartet. Führungsgröße kann z.B. sein: die Einheitsleistung eines Großtransformators oder eines großen Generators, die Anzahl der integrierten Schaltkreise eines Mikroprozessors, die Laststufe eines Transportsystems, das Anlaufdrehmoment eines Elektromotors (bezogen auf sein Nennmoment), die Taktzahl einer Werkzeugmaschine, die Gleichgewichtskonzentration eines chemischen Prozesses, die spezifische Trennstufenzahl eines

Extraktionsverfahrens. Zum Begriff der Führungsgröße siehe auch Abschnitt (2.3.4) des Lehrmaterials.

Ein technisch-ökonomischer Widerspruch (TÖW) ergibt sich, wenn bei der Variation eines für das Erreichen dieses höheren volkswirtschaftlichen Effekts entscheidenden technischen Parameters – der Führungsgröße GF – zumindest zwei wichtige technisch-ökonomische Effektivitätsparameter Etö1 und Etö2 des technischen Objekts in ihrem Verhalten zueinander gegenläufig werden.

Betrachten wir zum Beispiel die Entwicklung eines Containers. Als Führungsgröße GF wird die Wandstärke des Containers im Verhältnis zu seinen Kantenlängen gewählt. Durch Verringerung der Wandstärke werden zwei wesentliche technisch-ökonomische Effektivitätsparameter des Containers günstig beeinflusst: der spezifische Materialeinsatz, bezogen auf das Containervolumen, und das Nutzlastverhältnis, d.h. das Verhältnis von zuladbarer Masse zur Eigenmasse des Containers. Wir können daher beide Parameter zu dem technisch-ökonomischen Effektivitätsparameter Etö1 zusammenfassen. Der sich dazu gegenläufig verhaltende technisch-ökonomische Effektivitätsparameter Etö2 ist die spezifische Belastbarkeit des Containers, d.h. die zuladbare Last im Verhältnis zur Laststufe des infrage kommenden Transportsystems. Diese wird sich bei Unterschreiten einer bestimmten Grenzwandstärke des Containers so stark verringern, dass dadurch die ökonomischen Vorteile der Materialeinsparung und der geringeren Eigenmasse des Containers bei weitem aufgewogen werden. Hinzu kommt bei abnehmender Wandstärke eine höhere Anfälligkeit des Containers gegen Korrosion und mechanische Beschädigung. Eine weitere Verminderung der spezifischen Wandstärke unter den charakteristischen Grenzwert ruft somit einen kritischen technisch-ökonomischen Widerspruch hervor.

Ein technisch-technologischer Widerspruch (TTW) besteht darin, dass bei der Variation des für die Ausprägung eines funktionstragenden technischen Effekts vorrangig bestimmenden technischen Parameters – der Strukturgröße GS – mindestens zwei maßgebende technisch-technologische Effektivitätsparameter Ett1 und Ett2 des technischen Objekts in ihrem Verhalten zueinander gegenläufig werden.

Im Beispiel des Containers ist mit Blick auf die Überwindung des technisch-ökonomischen Widerspruchs zunächst die Behälterfunktion als Strukturgröße GS in betracht zu ziehen. Durch sie wird ein funktionstragender technischer Effekt entscheidend ausgeprägt, nämlich die Verteilung der Lastkräfte und der Art ihrer Wirkung (in Form von Druck-, Zug-, Schub- und/oder Biegespannungen) in Relation zur örtlichen Festigkeitsverteilung in der Wandung des Containers. Auf der Wirkung dieses technischen Effekts beruht einer der wesentlichen Effektivitätsparameter des Containers, seine spezifische, d.h. auf sein Volumen bezogene Tragfähigkeit. Wir bezeichnen ihn mit Ett1. Durch geeignete Formgebung der Behälterwandung kann der technische Effekt so zur Wirkung gebracht werden, dass sich Materialeinsparung und höheres Nutzlastverhältnis nicht mehr in einen technisch-ökonomischen Widerspruch mit der spezifischen Belastbarkeit des Containers befinden müssen.

Gelingt dies nicht, so liegt ein technisch-technologischer Widerspruch vor. Dieser kommt dadurch zustande, dass mit der Behälterform als Strukturgröße GS nicht allein die Tragfähigkeit, sondern auch das spezifische Nutzvolumen, d.h. der durch das Ladegut ausfüllbare Anteil des Containervolumens sowie seine Zugänglichkeit, d.h. die Be- und Entladbarkeit des Containers, maßgeblich bestimmt werden. Diese Eigenschaften können wir zum technisch-technologischen Effektivitätsparameter Ett2 zusammenfassen. Der technisch-technologische Widerspruch kann darin bestehen, dass zur Erzielung einer höheren Tragfähigkeit eine Behälterform erforderlich wird, die ein geringeres spezifisches Nutzvolumen und/oder eine ungünstigere Be- bzw. Entladbarkeit eines Containers notwendig zur Folge hat. Dies ist z.B. der Fall, wenn der Behälterboden zur Erhöhung der Tragfähigkeit eine gewölbte Form erhalten soll und dadurch die nutzbare Behälterhöhe (bei Transport von Sperrgut) oder seine Entladbarkeit (bei Transport von Schüttgut) unzulässig beeinträchtigt wird.

Ein technisch-naturgesetzlicher Widerspruch (TNW) besteht dann, wenn bei der Variation eines für das Eintreten einer naturgesetzmäßigen Wirkung maßgebenden technisch-naturgesetzmäßigen Parameters, d.h. der Wirkgröße GW, sich mindestens zwei technisch-naturgesetzmäßige Effektivitätsparameter Etn1 und Etn2 des technischen Objekts gegenläufig zueinander verhalten statt wunschgemäß in gleicher Richtung.

Im Hinblick auf die Lösung des technisch-technologischen Widerspruchs kann im Fall des Containers zumindest örtlich die Elastizität des Materials der Behälterwandung als Wirkgröße GW in Betracht gezogen werden. Die mit dieser Einwirkgröße eintretende naturgesetzmäßige Auswirkung ist die elastische Verformung der Behälterwandung. Durch diese Auswirkung werden zwei wesentliche technisch-naturgesetzmäßige Effektivitätsparameter gegenläufig beeinflusst:

- einerseits die Anpassungsfähigkeit der Form des Behälters an die Form des Ladegutes sowie die Anpassungsfähigkeit seiner Festigkeitsverteilung an die Verteilung der spezifischen Belastung (Etn1), aber auch
- andererseits die Formbeständigkeit des Behälters (Etn2).

Beide Effektivitätsparameter werden dann nicht in Widerspruch zueinander stehen, wenn die Elastizität als Wirkgröße in der Behälterwandung zweckmäßig verteilt bzw. wenn die Formbeständigkeit keine maßgebende Rolle spielt oder sogar unerwünscht ist. Letzteres ist z.B. beim Müllcontainer der Fall. Deswegen gibt es den Müllsack aus extrem dünner, hochelastischer und biologisch abbaubarer Plastfolie. Hier entsteht durch die Wahl der Wirkgröße „Elastizität" kein technisch-naturgesetzmäßiger Widerspruch, sondern es wird auch der technisch-technologische Widerspruch gelöst und mit ihm der technisch-ökonomische Widerspruch. Dabei ist die durch extrem dünne Behälterwand bedingte höhere „Korrosionsanfälligkeit" hier sogar erwünscht, weil sie einen schnellen biologischen Abbau des Behälters zur Folge hat.

Ein technisch-naturgesetzmäßiger Widerspruch kann z.B. dann gegeben sein, wenn der negative Einfluss der gewählten Wirkgröße „Elastizität" auf die Formbeständigkeit darin besteht, dass bei dynamischer Belastung Schwingungen der Behälterwand auftreten, die zu Resonanzerscheinungen und infolgedessen zu einer Beeinträchtigung des Ladegutes und/oder zur vorzeitigen Zerstörung der Behälterwand führen können.

5.3. Systemanalyse des technischen Objekts

„Das Widersprechende im Dinge selbst..., die widersprechenden Kräfte und Tendenzen in jedweder Erscheinung; ... das Ding (die Erscheinung etc.) als Summe und Einheit der Gegensätze, der innerlich widerstrebenden Tendenzen (und Seiten) in diesem Ding, wobei fast jedes Teil dieses Systems mit jedem verbunden ist. (W.I. Lenin in seinen Konspekten zur Dialektik von G.W.F. Hegel)

So wurde in vorstehenden Abschnitten zur Geltung gebracht: Die dialektische Widersprüchlichkeit der zur Geschichte gewordenen und der bevorstehenden Entwicklung des technischen Objekts reduziert sich nicht auf ein einzelnes Gegensatzpaar. Sie ist vielmehr die Form und der Trieb der Entwicklung des technischen Objekts als eines Systems, als einer Gesamtheit von vielen Elementen und vielen Beziehungen, die ihrerseits in Beziehungen zur gesellschaftlichen und zur technischen Umgebung des Objekts eingebunden sind. Das stofflich vorliegende Objekt ist ein System. Im technischen Entwicklungsprozess, den der Erfinder zu sehen hat, ist es eine Momentaufnahme, ein Ausschnitt, dazu veranlassend, das Konzept des Objekts in Entwicklung und Beziehung zu sehen. Das erfordert erst recht, das Objekt als System zu sehen.

In vorstehenden Abschnitten wurde begonnen, die Menge der Beziehungen in ihrer Systematik zu zeigen, die zunächst einmal durch den gesellschaftlichen und den technischen Entwicklungsprozess gegeben ist und grob durch die Betrachtungsebenen

- technisch-ökonomisch (mit den ABER und den Zielgrößen)
- technisch-technologisch (mit weiteren ABER)
- technisch-naturgesetzlich

gekennzeichnet wurde. Die Beziehungen innerhalb jeder Ebene – z.B. zwischen den ABER – wurzeln in Beziehungen anderer Ebenen. Die Wurzeln sind selbst Beziehungen. Die widersprüchlichen Beziehungen wurden hervorgehoben, weil sie jeder Entwicklungsproblematik ihre Schärfe, ihre konkrete Struktur, und dem Erfinder seine Ansatzpunkte und die Fingerzeige zur schöpferischen Lösung geben.

Im Abschnitt (1.9) wird auch angedeutet, wie der Erfinder im technischen Objekt Paare technischer Elemente schaffen kann, deren entgegengesetztes Wirken gerade diejenige Resultante hervorbringt, die als technisches Ideal gewünscht wird.

5.4. Die „raffiniert einfachen Lösungen" (REL)

Die REL sind Lösungen mit besonders günstigem Verhältnis von Aufwand und Nutzen. In den Abschnitten (6.4) und (9.3) des „Erfindungsprogramms" wird die Aufmerksamkeit unter anderem auf Lösungen gerichtet, deren verbale Beschreibung Wörter wie „von selbst", „Selbstbewegung", „Selbstfixierung" enthält. Bereits der Programmabschnitt (2.14) enthält eine Frage, die auf solche Lösungen abzielt: „Welche Nebenfunktionen im System eignen sich, um andere Nebenwirkungen nutzbar zu machen oder schädliche Nebenwirkungen zu unterdrücken oder in nützliche zu verwandeln?" Sehr oft ist eine solche Eignung gegeben. Dann kann eine Lösung oder Teillösung des Typs „von selbst" schon während der gerade begonnenen Systemanalyse gefunden werden, in diesem Falle eine Selbstkompensation. Erfahrungen zeigen, dass an solche einfachen und idealen Lösungen zumeist gar nicht gedacht wird. Deshalb werden sie leider auch nicht gesucht.

Solche Lösungen sind dadurch gekennzeichnet, dass ihre stoffliche Realisierung überwiegend mit schon vorhandenen Funktionseinheiten und Energiepotentialen, mit wenig apparativem Aufwand und/oder wenig Betriebsenergie auskommt. In diesem Sinne sind sie einfach, elegant, ideal. Die technische Welt ist seit alters her voller solcher Lösungen, an denen wir leider achtlos vorübergehen, weil wir uns schon im Kindesalter an sie gewöhnt haben. Typisch ist der Schiffsanker, ein äußerst einfaches Gerät, dessen Spitzschaufeln sich „von selbst" umso tiefer in den Meeresgrund eingraben, je stärker Wind oder Strömung am Schiff angreifen. Analog verhält sich der Angelhaken im Fischmaul.

Nähme man an, dass vor der Erfindung des Ankers vielleicht ein schwerer Körper vom Boot ins Wasser geworfen wurde, könnte man sich die Erfindung des Ankers folgendermaßen vorstellen: Dieser schwere Körper war eine Funktionseinheit. Diese wurde in zwei Komponenten gespalten: Eine Komponente, die sich unter gewissen Umständen eingraben kann, und eine Komponente in Form eines Querstabes am Ankerschaft, die dafür sorgt, dass am Meeresboden stets eine Spitzschaufel in Eingrabestellung ist. Kein Taucher, kein Roboter braucht am Meeresboden eine der Spitzschaufeln in Eingrabestellung zu positionieren. Mit seiner Komponente „Querstab" besorgt das der Anker „von selbst". Oft haben Anker drei oder vier Spitzschaufeln, wobei eine Spitzschaufel die Position des Querstabes mit übernimmt.

Außerdem wird der Anker insgesamt als Teilsystem, als Komponente des übergeordneten Systems **Meeresboden, Anker, Schiff, Wind** aufgefasst. Und dieses System wird seinerseits in zwei Hauptkomponenten gespalten:

- die Komponente *Wind, Schiff,*
- die Komponente *Anker, der sich in Meeresgrund eingräbt, falls eine Zugkraft am Ankerschaft angreift.*

Damit entsteht eine verblüffend einfache Lösung: Der schädlichen Abtrift des Schiffes wird umso stärker entgegengewirkt, je stärker sie zu werden droht. Anders gesagt: Dem schädlichen Phänomen wird umso stärker entgegengewirkt, je stärker die Kraft ist, die das schädliche Phänomen hervorbringt: „Das Schädliche macht sich selbst unschädlich". Es kompensiert sich selbst. Die beiden Komponenten *Wind, Schiff* und *Anker...* sind so gebildet und zusammengefügt, dass eine funktionelle Verschmelzung ihrer Solo-Wirkungen entsteht, und zwar eine Verschmelzung, welche die Selbstkompensation zum Effekt hat. Und diese erlaubt, alle denkbaren ABER zu erfüllen: Es wird nicht nur die Abtrift verhindert, sondern es geschieht mit äußerst geringem Aufwand an Mitteln und mit Hilfe der Windenergie, deren Wirkung gerade ausgeschlossen bzw. verhindert werden sollte. Die gratis zur Verfügung stehende Naturkraft *Wind* wird in den Dienst der Sache gestellt, desgleichen das Schiff als Wandler der Windenergie zur Antriebsenergie, die mittels Kette auf den Anker übertragen wird. Das ist eine ideale Lösung.

Sind Ingenieure bereit und fähig, solche genialen Von-selbst-Lösungen zu finden? Das erprobte ich mit dem Objekt *Uhrenpendel mit temperatur-abhängiger Pendellänge*, das sich im 19. Jahrhundert in der Hochsee-Schifffahrt stellte und tatsächlich gelöst wurde. Das Problem wurde 1935 vom Psychologen Carl Duncker für ein psychologisches Experiment genutzt. Fest stand schon seit langem: Die Pendellänge einer Pendeluhr verändert sich bei wachsender oder fallender Temperatur der Umgebung. Dabei ändert sich die Umlauf-Geschwindigkeit der Uhrzeiger und damit die Zeitmessung der Pendel-Uhr. Wenn auf hoher See – zumal bei Atlantik-Überquerungen – sehr genaue Zeit-Ermittlungen nötig werden, um Bewegungsrichtung und Standort des Schiffes aus den Himmels-Koordinaten (Sonne oder Sterne) ableiten zu können, kann es peinlich werden, wenn das Uhrenpendel auch nur ein klein wenig länger oder kürzer wird und die Uhr auch schon ein klein wenig schneller oder langsamer geht. Senkt sich der Pendelschwerpunkt nach unten, geht die Uhr langsamer. Steigt der Pendelschwerpunkt nach oben, geht die Uhr schneller. Die Lösung wurde im 19. Jahrhundert gefunden. Etwa fünfzig Jahre später, nämlich 1935, trug der Psychologe Carl Duncker das Problem seinen Probanden vor: Wer ist so schlau, eine Problemlösung zu finden? Nochmals fünfzig Jahre später trug ich das Problem 150 ausgebildeten Ingenieuren vor, die per Postgradual-Studium Patentingenieure werden wollten. Ich gab 10 Minuten Zeit zum Überlegen. Doch was kamen da als Lösungsvorschläge? „Die Uhr in einer Kammer mit konstanter Temperatur einschließen. Die Kammer gut gegen Temperatur-Änderungen isolieren. Die Kammer innen beheizen bzw. kühlen." Als wäre das im 19. Jahrhundert möglich gewesen. Ein Einziger von 150 Ingenieuren besann sich darauf, im Schulunterricht mal etwas vom Dunckerschen Uhrenpendel gehört zu haben. Am Ende der vorgegebenen 10 Minuten rief er: „Ich hab's". Die Lösung? Die Uhr wird mit einem Doppel-Pendel ausgestattet. Ein Stab aus Metall mit niedrigem Wärmedehnungs-Koeffizienten hängt nach unten. An seinem unteren Ende ist eine kurze horizontale Traverse befestigt, und von dieser ragt ein Stab nach oben, aus Metall mit relativ hohem Wärmedehnungskoeffizienten. Er trägt das entscheidende Pendel-Schwergewicht an seinem oberen Ende. Die Koeffizienten sind so ausgewählt, dass sich ihre Wärme-Dehnungen gegenseitig kompensieren. Die Störquelle „Temperatur-Änderung" wirkt zugleich als Energiespender der Kompensation. Die Regelstrecke „Pendel" war in zwei entgegengesetzte und zugleich kooperativ wirkende Komponenten gespalten worden.

Selbst im Physik-Unterricht an den Schulen werden REL, die in der jahrhundelangen Geschichte der Technik massenhaft gefunden worden sind, total ignoriert. Als neugieriges Kind habe ich mich gewundert, dass der simple Toiletten-Spülkasten die Wasserzufuhr automatisch regelt. Da fragte ich meinen Vater, und weil er Handwerker war, hat er es mir erklärt. Sogar G. S. Altschuller hat den raffiniert einfachen Lösungen in seinen Büchern nicht die gebotene Aufmerksamkeit gewidmet. Erkennt man die Chancen nicht, kann es schwierig werden.

5.5. Vorgehensweise bei der Arbeit mit dem Erfindungsprogramm. Das allgemeine heuristische Wegmodell der KDT-Erfinderschule

W.1. Die Struktur des Wegmodells

Das Weg-Modell ist in der Abbildung als heuristisches Schema dargestellt. Es zeigt, wie von den technisch-ökonomischen Sachverhalten ausgehend auf die notwendigen Effektivitäts- und Gebrauchseigenschaften technischer Objekte, ihre Struktur- und Funktionseigenschaften und schließlich auf die funktionstragenden technisch-naturgesetzlichen Effekte abstrahiert wird und wie man dabei – von Abstraktionsstufe zu Abstraktionsstufe fortschreitend – auf der Suche nach Lösungsideen immer weiter vom eigenen Fachgebiet in entfernte Analogiebereiche vordringt. Bereits hierbei können Erfindungen mit hohem wirtschaftlichem Nutzen entstehen.

Für die in den einzelnen Erprobungsstufen der Realisierungsphase benötigten Versuchsobjekte sind die in der Erzeugnisentwicklung üblichen Begriffe verwendet worden. Für die Produkt- und die Verfahrensentwicklung sind analoge Begriffe einzusetzen. Hierbei gilt allgemein, dass das Versuchsobjekt die materialisierte Form der bei der Realisierung der erfinderischen Idee erreichten Entwicklungsstufe ist.

W.2. Das gesellschaftliche Bedürfnis und die ABER

Von der mehr oder weniger unscharf formulierten technisch-ökonomischen Problemsituation ausgehend werden – dem heuristischen Wegmodell gemäß – zunächst das gesellschaftliche Bedürfnis und die zugehörigen ABER ermittelt. Unerlässlich ist es, durch Gegenüberstellung mit dem materiellen Ist-Stand der Technik und seiner vergangenen Entwicklung die Ursachen für das Entstehen des gesellschaftlichen Bedürfnisses und der daraus abgeleiteten ABER zu erkennen. Dabei ist stets auch zu prüfen, ob die angenommene Aufgabe auf die Überwindung der Ursachen oder nur auf die Beseitigung unerwünschter ökonomischer, sozialer bzw. technologischer Auswirkungen orientiert ist. Dabei lässt sich das in technisch-wissenschaftlicher Hinsicht zu lösende Hauptproblem abgrenzen und eine *Referenzvariante* des technischen Systems bestimmen, die den ABER am ehesten entspricht oder nahekommt.

Um nun die Defekte und Mängel der Referenzvariante zu bestimmen und zu wichten, die Ursachen hierfür zu ermitteln und daraus eine eigenständige, „maßgeschneiderte" Definition und Lösung des speziellen Problems ableiten zu können, wird im Rahmen einer konzeptionellen Produkt-Planung die *Zielgröße* bestimmt. Der Zielgröße folgend wird aus dem ideellen Stand der Technik eine repräsentative *Basisvariante* des technischen Systems geschaffen, indem durch Patentrecherche und Weltstands-Analyse geeignete technische Mittel herausgefunden und zum Gesamtsystem zusammengefasst werden. Im Rahmen einer Systemanalyse wird die Basisvariante im Vergleich zur Referenzvariante auf solche Schwachstellen und Defekte untersucht, die in ihrem Verhalten auf technisch-ökonomische Widersprüche führen und erfinderisch zu beheben sind. Dabei ist aus der Basisvariante eine Lösung zu entwickeln, die gegenüber der Referenzvariante deutliche technologische und ökonomische Vorteile aufweist.

W.3. Die Zielgröße und der Stand der Technik

Die ABER liegen zunächst in einer verbal-beschreibenden Form vor und bringen soziale, ökonomische und technologische Sachverhalte zum Ausdruck, die eine bestimmte gesellschaftliche Bedarfssituation und Interessenlage kennzeichnen (siehe hierzu Erfindungsprogramm, Abschnitt 1). Hieraus soll nun eine Zielgröße abgeleitet werden, die im Wesentlichen zum Ausdruck bringt, mit welchen Gebrauchseigenschaften des zu schaffenden technischen Systems und auf welche Art und Weise seiner Herstellung und Anwendung dem gesellschaftlichen Bedürfnis am besten entsprochen werden kann. Dies geschieht, indem den Komponenten der Zielgröße die auf sie zutreffenden ABER zugeordnet werden. Dadurch werden konkrete Eignungs- und Effektivitätsmerkmale definiert und gewertet. Diese beinhalten einerseits die ihnen jeweils zukommende soziale, ökonomische und/oder technisch-technologische Spezifik des gesellschaftlichen Bedürfnisses und andererseits die gegenständliche Spezifik des in Betracht gezogenen technischen Objekts oder Objektbereiches (Siehe Abschnitt (1.3)).

Diese Eignungs- und Effektivitätsmerkmale müssen zuerst qualitativ beschrieben werden, bevor Parameterwerte angegeben werden können. Auf jeden Fall muss vermieden werden, sich vorzeitig und kritiklos auf gewohnte oder in der Aufgabenstellung genannte Gebrauchswert- und Wirtschaftlichkeitsparameter festzulegen oder sich auf sie zu beschränken.

Um diese Parameter treffend definieren zu können, ist es erforderlich, aus dem Stande der Technik das *geeignetste technisch-technologische Prinzip* (TTP) für das zu entwickelnde technische Objekt zu wählen. Das ist ein charakteristisches Prinzip der Herstellung und/oder der Anwendung technischer Objekte in einem bestimmten Technologiebereich. Mit diesem Prinzip wird eine Klasse von Verfahren und Mitteln im Stande der Technik abgegrenzt, welche die Grundlage der weiteren Problembearbeitung darstellt. Der Wahl des TTP kommt damit eine entscheidende Bedeutung für den weiteren Lösungsweg zu. Sie sollte so erfolgen, dass dasjenige technisch-technologische Prinzip bevorzugt wird, das dem Zweck des zu schaffenden technischen Objekts (Zielkomponente Z1) am meisten entspricht und mit dem gegen keine ABER oder – im Vergleich zu anderen Prinzipien – gegen die wenigsten A und E aus dem System der ABER verstoßen wird. Hierfür sind zunächst in Betracht zu ziehen:

- alle auf dem materiellen Stand der Technik *verfügbaren,*
- alle auf dem ideellen Stand der Technik *machbar erscheinenden* und schließlich
- die auf dem Stand der Technikwissenschaften *denkbaren* und die auf dem Stand der Naturwissenschaften *vorstellbaren* Verfahren und Mittel.

Sollte ein technisch-technologisches Prinzip mit der Aufgabenstellung verbindlich vorgegeben sein, so ist es auf Eignung in bezug auf die Zielgröße zu überprüfen und mit anderen bekannten Prinzipien zu vergleichen. Gegebenenfalls muss hier Rücksprache mit dem Auftraggeber genommen werden.

Auf der Grundlage des technisch-technologischen Prinzips werden nun zunächst mit den *im Stand der Technik vorgefundenen Verfahren und Mitteln* Basisvarianten des technischen Systems konzipiert. Das geschieht durch Transformation der durch die ABER determinierte Zielgröße in zwei Stufen:

In der *ersten Transformationsstufe* werden die Arten von technischen Objekten benannt, die dem TTP gemäß *notwendig* sind, um die Eignung des technischen Systems gemäß Zielgröße gewährleisten zu können. Jeder Objektart werden nun solche Gebrauchseigenschaften zugeschrieben, welche einerseits typisch für die jeweilige Objektart sind und andererseits den besonderen Eignungsmerkmalen der Zielgröße entsprechen. Dabei wird zweckmäßig so vorgegangen, dass zunächst die notwendigen objektartspezifischen Beiträge zur Zweckmäßigkeit (Zielgrößenkomponente Z1) des Systems bestimmt werden. Danach werden diejenigen für die jeweilige Objektart charakteristischen Gebrauchseigenschaften definiert, auf Grund derer die Eignung des technischen Systems hinsichtlich seiner Beherrschbarkeit und seiner Brauchbarkeit gewährleistet werden kann. Dabei kann es sich für eine hinreichende Eignung des technischen Systems – vor allem in Bezug auf seine Beherrschbarkeit – als notwendig erweisen, zusätzlich Objektarten in Betracht zu ziehen, die mit ihren Gebrauchs- bzw. Betriebseigenschaften solchen spezifischen Eignungsmerkmalen gerecht werden.

Auf diese Weise wird die Zielgröße von einem System gesellschaftlich determinierter *Eignungsmerkmale* in ein System objektbezogener *Gebrauchseigenschaften* transformiert. Diese Zielgröße bildet die Grundlage für eine systematische Patentrecherche und Weltstandsanalyse zur Vor-Auswahl geeigneter technischer Objekte, welche in ihrem Verbund gemäß TTP hinreichend geeignet sind, ein technisches System zu bilden, das den ABER gerecht wird.

In einer zweiten Transformationsstufe wird nun dem technisch-technologischen Prinzip entsprechend die *Hauptfunktion* des technischen Systems definiert. Dabei ist davon auszugehen, dass die Hauptfunktion die Gebrauchseigenschaften der einzelnen Objekte aktiviert und im Prozess ihrer Nutzung so miteinander verknüpft, dass die für die Zweckmäßigkeit bestimmenden Eignungsmerkmale des technischen Systems den ABER entsprechend hervorgebracht werden. Diese Hauptfunktion ist, auf den Nutzungsprozess bezogen, in ihre *notwendigen und hinreichenden Teilfunktionen* aufzugliedern. Dabei wird eine Hierarchie-Ebene des technischen Systems gewählt, die einerseits möglichst hoch ist, andererseits der bereits getroffenen Aufgliederung der Zielgröße auf Objektarten Rechnung trägt.

Den einzelnen Teilfunktionen werden diejenigen Objekte mit ihren Gebrauchseigenschaften zugeordnet, welche durch die jeweilige Teilfunktion im Sinne der Hauptfunktion des technischen Systems aktiviert werden. Für jede Teilfunktion werden die durch sie hervorgerufenen Funktionseigenschaften der technischen Objekte definiert, wodurch diese den *Charakter spezifischer technischer Mittel* bekommen. Die Teilfunktionen, durch welche diejenigen objektbezogenen Gebrauchseigenschaften aktiviert werden, die die Eignung des technischen Systems in Bezug auf Beherrschbarkeit und Brauchbarkeit herstellen, werden in gleicher Weise, jedoch im Sinne von *notwendigen Hilfsfunktionen* definiert.

Auf diese Weise wird die Zielgröße von einem *System objektbezogener Gebrauchseigenschaften* in ein *System prozessbezogener Funktionseigenschaften technischer Mittel* transformiert. Diese Zielgröße dient der zweckmäßigen Auswahl technischer Mittel aus der Menge der in Betracht gezogenen technischen Objekte und ihrer funktionsgerechten Koppelung zur Basisvariante des technischen Systems. Darüber hinaus bildet die Zielgröße in dieser Transformationsstufe zusammen mit der nicht transformierten Komponente Z2 (Wirtschaftlichkeit) die Grundlage für die Definition der technisch-ökonomischen Hauptleistungsdaten des technischen Systems und für ihre quantitative Bestimmung im Sinne einer Sollgröße.

Von dieser Sollgröße geht die *Systemanalyse* aus. Sie verfolgt das Ziel, die Effektivitätseigenschaften des technischen Systems in ihrem Zusammenhang zu bestimmen, insbesondere widersprüchliche Tendenzen in ihrem entwicklungsbedingten Verhalten aufzudecken und im Rahmen einer Entwicklungsschwachstellen-Analyse die hierfür maßgeblichen technischen Ursachen herauszufinden. Dabei kann die funktionsbezogene Zielgröße bereits einen ersten Hinweis auf den kritischen Funktionsbereich (kritischen Systembereich) geben. Dieser liegt in der Regel dort, wo die größte Anzahl von Teilfunktionen in einem technischen Objekt zusammentreffen.

W.4. Die Basisvariante

Die gemäß Zielgröße aus dem Stand der Technik ausgewählten technischen Mittel werden ihrer Funktion entsprechend zu *Teilsystemen in Form voneinander abgrenzbarer Struktureinheiten* zusammengefasst. Jede Struktureinheit verkörpert dabei jeweils eine der prozessbezogenen Teilfunktionen in der Hauptfunktion oder eine für deren Beherrschung, Schutz und/oder Umweltverträglichkeit notwendige Hilfsfunktion. Bei der funktionsgerechten Kombination der technischen Mittel zu Teilsystemen und der Teilsysteme zum Gesamtsystem der Basisvariante müssen die ABER – die funktionellen **A**nforderungen und strukturellen **B**edingungen sowie die naturgesetzmäßigen **E**inflüsse und **R**estriktionen – berücksichtigt werden, welche die einzelnen technischen Mittel bzw. Teilsysteme bei ihrer Vereinigung zur Basisvariante aneinander stellen bzw. aufeinander ausüben. Hierzu muss für ihre Koppelung (vermittels morphologischem Schema) eine *Rangordnung* nach der technisch-technologischen Bedeutung der Teilsysteme festgelegt werden, derart, dass ein Teilsystem bzw. technisches Mittel höheren Ranges die ABER für die Teilsysteme bzw. technischen Mittel auf den jeweils darunter liegenden Stufen der Rangordnung setzt.

W.5. Der entscheidende Mangel und die Kernvariante

Die entsprechend der Zielgröße auf dem Stand der Technik bzw. der Technikwissenschaften entwickelten Basisvarianten haben in der Regel noch entscheidende Mängel. Diese Mängel können technisch-ökonomischer Art sein, entstanden dadurch, dass die Gebrauchs-

und Wirtschaftlichkeitseigenschaften nicht in Übereinstimmung mit der Zielgröße gebracht werden konnten, also gegen Anforderungen und/oder Restriktionen verstoßen werden musste. Die Mängel können aber auch „heuristischer" Art sein, d.h. darin bestehen, dass Mittel weder verfügbar sind noch machbar erscheinen, sondern höchstens denkbar oder gar nur vorstellbar sind.

Ein *technisch-ökonomischer Mangel* liegt vor, wenn die gemäß Zielgröße benötigten technischen Mittel zwar grundsätzlich zur Verfügung stehen oder bekannt sind, aber mindestens in einer entscheidenden Gebrauchseigenschaft die erforderlichen Werte eines kennzeichnenden Leistungs- und/oder Effektivitätsparameters nicht oder nur auf Kosten anderer gebrauchswertbestimmender Parameter erreichbar sind.

Ein *heuristischer Mangel* liegt vor, wenn zur Erzeugung mindestens einer auf Grund der ABER erforderlichen Gebrauchseigenschaft keine technischen Mittel bekannt sind, welche ihren Funktionseigenschaften nach geeignet wären, die hierfür gemäß Zielgröße erforderlichen Mittel-Wirkungs-Beziehungen hervorzubringen. Sich einem heuristischen Mangel bewusst zu stellen erfordert erfinderischen Spürsinn und Mut, herkömmliche und bewährte Technik in Frage zu stellen.

Für die weitere Problembearbeitung wird diejenige Basisvariante ausgewählt, welche die geringsten Mängel aufweist. Dabei zeichnet sich erfinderisches Vorgehen dadurch aus, dass es keine gravierenden technisch-ökonomischen Mängel zulässt, dafür aber gravierende heuristische Mängel bewusst in Kauf nimmt, wenn sie zu erfinderischen Lösungen herausfordern. Liegt ein gravierender heuristischer Mangel vor, so wird das Teilsystem bzw. der Systembereich, in welchem dieser Mangel auftritt, zum entscheidenden Teilsystem bzw. zur *Kernvariante* des technischen Systems erklärt. Für den in diesem Teilsystem bzw. in diesem Systembereich liegenden problematischen Kern einer Basisvariante werden durch neuartige Abwandlungen oder bisher nicht übliche Kombinationen bekannter technischer Objekte neue, denkbare Lösungen generiert. Aus diesen Kernvarianten wird diejenige gewählt, welche sich am besten in den Gesamtzusammenhang des technischen Systems der Basisvariante einfügen lässt. Dies kann bereits eine erfinderische Lösung sein und ist dann das Ergebnis eines heuristischen Vorgehens, das als *projektierendes Erfinden* bezeichnet werden kann.

Besteht die Basisvariante aus einer erfinderischen Kernvariante mit nur geringer technologischer Tragweite und im Übrigen aus betriebserprobten Systemkomponenten nach dem verfügbaren Stand der Technik, und weist sie keine erheblichen Mängel in Bezug auf die Zielgröße auf, so kann sie auf dem Wege der Optimierung in ein betriebliches Gesamtprojekt überführt und in einer Nullserie bzw. Versuchsproduktion erprobt werden. Sind jedoch noch erhebliche Abweichungen zwischen Gebrauchswert und Effektivität der Basisvariante einerseits und der Zielgröße andererseits zu verzeichnen, und sind insbesondere die Funktionseigenschaften der Kernvariante im Gesamtzusammenhang des technischen Systems noch in Frage gestellt, so ist das weitere Vorgehen darauf gerichtet, die Ursachen dieser Mängel genauer zu untersuchen und zu beheben. Hierzu wird zunächst als Präzisierung der aus der Zielgröße abgeleiteten eine *technisch-ökonomische Zielstellung* formuliert, welche auf die Erhöhung gerade derjenigen Leistungs- und/oder Wirtschaftlichkeitsparameter (Hauptleistungsdaten) abzielt, deren Erfüllung noch in Frage gestellt ist.

W.6. Die strukturell aufbereitete Basisvariante

Die Ursache für die festgestellten Mängel wird zunächst in der Struktur des technischen Systems gesucht. Hierzu wird die Basisvariante nach dem Gesichtspunkt ihrer Struktur aufbereitet, indem von Gebrauchseigenschaften einzelner Objekte bzw. Objektgruppen auf Struktureigenschaften des technischen Systems abstrahiert wird. Dies geschieht in der Weise, dass die in der Basisvariante zusammengefassten und funktionell verknüpften technischen Objekte bezüglich ihrer notwendigen strukturellen Gebrauchseigenschaften (vor allem enthalten in den Zielgrößenkomponenten *Beherrschbarkeit* und *Brauchbarkeit*) betrachtet und so aufeinander abgestimmt werden, dass sie sich räumlich und/oder zeitlich zu den Struktureinheiten und zum Gesamtsystem der Basisvariante zusammenfügen lassen.

Damit entstehen im Ansatz die systemspezifischen Struktureigenschaften der technischen Mittel. Hierbei werden vor allem die Struktureigenschaften in dem durch die Kernvariante bestimmten Systembereich hervorgehoben, durch welche die spezifischen Leistungs- und/oder Wirtschaftlichkeitsparameter der technisch-ökonomischen Zielstellung primär beeinflusst werden. Eine Variation der Struktureigenschaften des technischen Systems im Sinne der technisch-ökonomischen Zielstellung ruft häufig eine Verschlechterung spezifischer Funktionseigenschaften hervor, worin sich bereits ein technisch-ökonomischer Widerspruch abzeichnet.

Vielfach handelt es sich hierbei um einen Konflikt zwischen den Erfordernissen von Herstellbarkeit, Montagefähigkeit und/oder Instandhaltbarkeit (bzw. der kontinuierlichen Prozessführung, der Überwachbarkeit und Steuerbarkeit bei Verfahren) und den Erfordernissen der Funktionsfähigkeit, der Unempfindlichkeit gegen äußere Störungen und der inneren Funktionssicherheit.

Das erfinderische Vorgehen ist hier zunächst darauf gerichtet, auf dem Wege der Optimierung diejenige kritische Struktureinheit oder Funktionsschwachstelle herauszufinden, die primär einer optimalen Gestaltung und Dimensionierung der Basisvariante im Wege steht. Durch eine geschickte Um- bzw. Neugestaltung eines oder mehrerer Objekte innerhalb dieses kritischen Systembereichs kann eine Erhöhung der Funktionstüchtigkeit bewirkt werden, ohne eine Veränderung der Funktion selbst vornehmen zu müssen. Gelingt dies, so ist eine erfinderische Lösung des Widerspruchs zwischen Struktur- und Funktionseigenschaften der Basisvariante im Sinne der technisch-ökonomischen Zielstellung gefunden worden. Ein solches Vorgehen wird als *konstruierendes Erfinden* bezeichnet. Die erfinderische Lösung ist zunächst in ein Funktionsmuster zu überführen und hinsichtlich seiner Funktionstüchtigkeit zu erproben.

Stellt sich dabei heraus, dass sich die technisch-ökonomische Zielstellung nicht erfüllen lässt, wenn nicht auch Funktionen verändert werden, so ist eine Aufbereitung der Basisvariante unter dem Gesichtspunkt ihrer Funktionserfüllung und einer entsprechenden Systemanalyse erforderlich.

W.7. Die Aufbereitung der Basisvariante unter dem Gesichtspunkt der Funktionserfüllung

Bei der funktionellen Aufbereitung der Basisvariante wird von den Struktureigenschaften technischer Objekte auf ihre Funktionseigenschaften abstrahiert. Dabei wird das Ziel verfolgt, die *wesentlichen funktionellen Zusammenhänge zu erkennen*, in welchen die Basisvariante als technisches System mit ihrer Umgebung stehen soll, und welche inneren funktionellen Zusammenhänge (Mittel-Wirkungsbeziehungen) zwischen ihren Bestandteilen dafür maßgeblich bestimmend sind.

Dabei kommt es zunächst darauf an, die Gesamtfunktion der Basisvariante und ihre bekannten bzw. voraussehbaren Nebenwirkungen sowie die Schnittstellenbedingungen zu ihrer technisch-technologischen Umgebung zu bestimmen. Hierzu bedient man sich der *Black-Box-Analyse*. Aufgrund der Schnittstellenbedingungen (Randbedingungen) der Black Box ergeben sich die Eingangsgrößen des zu betrachtenden technischen Systems aus den vorgegebenen Ausgangsgrößen eines in einem übergeordneten Nutzungsprozess jeweils vorgelagerten Systems, und seine Ausgangsgrößen aus den notwendigen Eingangsgrößen eines in diesen Nutzungsprozess jeweils nachgelagerten Systems. Je nach Art der Eingangs- und Ausgangsgrößen ergibt sich hieraus die von der Basisvariante als technischem System hauptsächlich zu realisierende Überführungs- bzw. Tragfunktion. Diese wird daher als *Hauptfunktion* definiert.

Dies geschieht jedoch *nicht* – wie bei der Transformation der Zielgröße – prozessbezogen, sondern objektbezogen. Das heißt, die Funktion wird nicht als notwendige, prozessbedingte Aktivierung bestimmter Gebrauchseigenschaften technischer Objekte, sondern als *strukturbedingte Auswirkung bestimmter Funktionseigenschaften technischer Mittel* aufgefasst. Danach werden die notwendigen technischen Voraussetzungen für das Zustandekommen und die Aufrechterhaltung der Hauptfunktion, also für die Funktionsfähigkeit des technischen Systems, ermittelt. Daraus werden die hierfür erforderlichen Hilfsfunktionen definiert, wobei von den Arten *Entstörfunktion* und *Schutzfunktion* ausgegangen wird.

Bei der Definition der *Entstörfunktion* kann man sich zunächst an den Gebrauchseigenschaften orientieren, welche in der Zielgrößenkomponente Z3 (Beherrschbarkeit) enthalten sind. Darüber hinaus ist es erforderlich festzustellen, welche Nebenwirkungen von den konkreten Objekten der Basisvariante während ihres Betriebes bzw. ihres Gebrauchs ausgehen. Diese Nebenwirkungen müssen möglichst vollständig erfasst werden. Hier gibt es schädliche, aber auch nützliche bzw. nutzbare Nebenwirkungen. Notwendige Maßnahmen zur Unterdrückung der durch die Gesamtfunktion hervorgerufenen schädlichen Nebenwirkungen auf zulässige Werte führen zur Definition der Entstörfunktion.

Notwendige Maßnahmen zur Unterdrückung schädlicher Wirkungen, welche von der Umgebung auf die Hauptfunktion und die Entstörfunktion des technischen Systems ausgeübt werden, führen hingegen auf die Definition der *Schutzfunktion* des Systems. Bei der Definition der Schutzfunktion kann man sich zunächst von den Gebrauchseigenschaften und Gebrauchsbedingungen leiten lassen, welche in der Zielgrößenkomponente Z4 (Brauchbarkeit) zusammengefasst sind. Bei den schädlichen Wirkungen aus der Umgebung sind nicht nur technische, technologische und naturbedingte, sondern gegebenenfalls auch soziale (Qualifikation, Disziplin) und organisatorische (Versorgung mit Transportmitteln, Material, Energie und/oder Information) mit in Betracht zu ziehen.

Eine für den Erfinder wichtige Funktionsklasse bilden die *Nebenfunktionen*. Es sind Funktionen, welche von den Objekten der Basisvariante sozusagen gratis neben ihrer eigentlichen Funktionsbestimmung hervorgebracht werden bzw. hervorgebracht werden können. Sie sind daraufhin zu untersuchen, ob und inwieweit sie zur Unterstützung, gegebenenfalls sogar zum Ersatz der Funktion eines oder mehrerer anderer Objekte der Basisvariante, genutzt werden können. Dabei kann es zu einer *Funktionsverschmelzung* kommen, deren Wirkung über die Summe der Einzelwirkungen der betreffenden Objekte hinausgeht. Dies ist ein wichtiges Indiz für das Vorliegen einer erfinderischen Leistung.

Nebenfunktionen, welche nicht genutzt werden können, werden als *unnötige Funktionen* bezeichnet. Sie sind durch geeignetere Wahl bzw. Gestaltung der Objekte der Basisvariante möglichst vollständig zu eliminieren, zumindest dann, wann sie eine Störung des Funktionswertflusses hervorrufen oder unnötige Kosten verursachen.

Für eine vollständige Erfassung und vorteilhafte Gestaltung aller Wechselbeziehungen zwischen dem System und seiner Umgebung ist es erforderlich, ein *Operationsfeld* für den Erfinder in Bezug auf das technische System abzugrenzen. Es umfasst alle Objekte – technische wie natürliche – sowie alle Faktoren – soziale, organisatorische und technologische – mit ihren schädlichen und nützlichen Wirkungen, denen das technische System mit seiner Funktion Rechnung tragen muss oder die in seine Funktion wirksam einbezogen werden können. Von der richtigen Abgrenzung des Operationsfeldes und des technischen Systems hängt es also ab, ob die Schutzfunktion richtig bestimmt ist und ob objektiv vorhandene Möglichkeiten zur Vereinfachung von Funktionen bzw. zur Erhöhung ihres Funktionswertes erkannt und als Handlungsspielraum genutzt werden. (Siehe hierzu Erfindungsprogramm, Abschnitt 3).

Je nach Sachlage kann das so geschehen, dass geeignete Objekte aus dem Operationsfeld zur Unterstützung bzw. Vereinfachung der Funktionen in die Basisvariante einbezogen und strukturell wie funktionell integriert werden, indem ihnen eine Anpassfunktion übertragen wird. Umgekehrt kann es sich auch als vorteilhaft, in manchen Fällen sogar als notwendig erweisen, bestimmte Objekte aus der Basisvariante in den äußeren Teil des Operationsfeldes zu verlagern. Durch eine enge funktionelle und strukturelle Verknüpfung über die Systemgrenze hinweg kann dadurch im Sinne einer Vermittlungsfunktion ein positiver Einflussfaktor im äußeren Operationsfeld erzeugt bzw. ein vorhandener verstärkt werden.

Möglicherweise erreicht man dadurch gleichzeitig eine Vereinfachung der Funktion der Basisvariante bzw. eine Erhöhung ihres Funktionswertes.

Mit der Black-Box-Analyse der Basisvariante ist deren funktionsbezogene Aufbereitung im Wesentlichen abgeschlossen. Die dabei gewonnenen Erkenntnisse über die Funktionseigenschaften der Basisvariante, ihre gegenseitigen Abhängigkeiten und die Möglichkeiten, sie optimal aufeinander und mit der Systemumgebung abzustimmen, werden nun genutzt, indem versucht wird, den bei der strukturbezogenen Aufbereitung der Basisvariante aufgetretenen Widerspruch zwischen Struktur- und Funktionseigenschaften zu beseitigen. Hierbei können auf erfinderische Weise, durch eine originelle Aufteilung der erforderlichen Funktionen auf die einzelnen Objekte der Basisvariante und die geschickte Nutzung bisher vernachlässigter Struktur- und Funktionseigenschaften die Voraussetzungen für eine optimale Gesamtlösung geschaffen werden.

W.8. Die Optimierung der Basisvariante im Vergleich zur Referenzvariante und der technisch-ökonomische Widerspruch

Um die Optimierung der Basisvariante durchführen zu können, muss ein technischer Leistungsparameter als *Führungsgröße* bestimmt werden, dessen Variation einerseits die Effektivitätsparameter der technisch-ökonomischen Zielstellung und andererseits die erforderlichen Struktur- und Funktionseigenschaften des technischen Systems in entscheidendem Maße beeinflusst. Mit der Wahl der Führungsgröße wird über die Richtung der Weiterentwicklung des technischen Systems und die Entwicklungstendenz seiner Gebrauchs- und Wirtschaftlichkeitseigenschaften entschieden.

Die Führungsgröße muss daher in Übereinstimmung mit der Zielgröße stehen, auch wenn sich herausstellt, dass ihre Variation – obwohl fachgemäß vorausgedacht – zu Veränderungen der Struktur- und Funktionseigenschaften des technischen Systems führt, welche (zumindest teilweise) noch im Widerspruch zur technisch-ökonomischen Zielstellung stehen. Als eine Orientierung für die treffende Bestimmung der Führungsgröße kann die aus dem materiellen Weltstand der Technik gewählte Referenzvariante dienen.

Dabei ergibt sich als Führungsgröße derjenige technische Leistungsparameter, in dem die Referenzvariante noch am stärksten von der Zielgröße abweicht. Das heißt, dass die geforderte Leistungsfähigkeit (in der Zielgrößenkomponente $Z1$) entweder nicht oder unter den gegebenen Realisierungsbedingungen nur mit unzulässig hohem technischen ($Z3$), technologischen ($Z4$) und/oder ökonomischen Aufwand ($Z2$) erzielt werden kann. Auf diese Weise wird von vornherein einer Nachlauf-Strategie vorgebeugt und die Grundlage für eine dem tatsächlichen gesellschaftlichen Bedürfnis gerecht werdende, progressive Lösungsstrategie gelegt.

Darüber hinaus kann die Referenzvariante durch Einbeziehung in die Black-Box-Analyse als Anregung für die im Sinne der Zielgröße vorteilhafte funktionelle und strukturelle Konzeption der Basisvariante genutzt werden. Ist es dabei – gegebenenfalls auf erfinderische Weise – bereits gelungen, ein optimierungsfähiges Grundkonzept zu entwickeln, so wird durch eine gut aufeinander abgestimmte Gestaltung und Dimensionierung der einzelnen Objekte eine optimale, der technisch-ökonomischen Zielstellung entsprechende Gesamtlösung für die Basisvariante zu finden sein. Ist sie gefunden, so wird die Funktionsfähigkeit und der Funktionswert der Basisvariante an einem Versuchsmuster erprobt. Hierzu genügt die Nachbildung desjenigen Funktionsbereichs der Basisvariante, in dem die entscheidenden strukturellen und funktionellen Veränderungen gegenüber dem betriebserprobten Stand der Technik vorgenommen worden sind. In der Regel handelt es sich um die Kernvariante und ihre nähere System-Umgebung.

Wird eine optimale Gesamtlösung noch nicht gefunden oder erweist sich der Entwurf der Basisvariante als nicht funktionstüchtig, so ist der entscheidende *technisch-ökonomische Widerspruch* (TÖW) zu bestimmen. Das heißt, es sind die entscheidenden technisch-ökonomischen Effektivitätsparameter zu benennen, die sich so zueinander verhalten, dass die Erhöhung des einen systembedingt zu einer unzulässigen Verringerung des anderen Parameters führen muss, wenn die Führungsgröße entsprechend technisch-ökonomischer Zielstellung variiert wird. (Siehe hierzu Erfindungsprogramm, Abschnitt 4).

Das weitere Vorgehen ist nun nicht mehr durch *begleitendes* bzw. taktisches Erfinden, sondern durch *voranweisendes*, strategisches Erfinden gekennzeichnet. Es ist das Erfinden im eigentlichen Sinne der Methode, das Erfinden *an sich*. Damit kommen wir zugleich in die Etappe 2 des Organisationsmodells, an deren Anfang ein *Erneuerungspass* und ein *Pflichtenheft* mit klarem erfinderischen Auftrag stehen. Gegenstand der Erfindung ist jetzt ein technisch-ökonomischer Widerspruch; Ziel ist dessen Überwindung.

W.9. Die erfinderische Kernvariante (Schlüsselvariante)

Bei der Überwindung des TÖW wird angenommen, dass dessen Ursache nicht im ganzen technischen System verstreut ist, sondern sich im Wesentlichen auf einen bestimmten Systembereich – den für das Funktionieren des technischen Systems kritischen Bereich, den *kritischen Funktionsbereich* – eingrenzen lässt. Das erfinderische Ziel besteht nun darin, diesen Systembereich zu *entdecken* und eine erfinderische Lösung hervorzubringen, welche in diesem kritischen Bereich neue technische Verhältnisse, neue Mittel-Wirkungs-Beziehungen schafft, so dass neue Möglichkeiten für die Entwicklung der Basisvariante und die entsprechende Variation der Führungsgröße im Sinne der technisch-ökonomischen Zielstellung eröffnet werden.

W.10. Der kritische Funktionsbereich der Basisvariante und die ABER

Ausgehend vom Ergebnis der Black-Box-Analyse und den Erkenntnissen, welche bei der erfolglosen Optimierung der Basisvariante und gegebenenfalls aus einer mit negativem Ergebnis abgeschlossenen Funktionserprobung gewonnen wurden, wird nun den Ursachen des technisch-ökonomischen Widerspruchs auf den Grund gegangen. (Siehe hierzu Erfindungsprogramm, Abschnitt 5).

Hierzu wird die Basisvariante in Fortführung der Black-Box-Analyse zunächst in die objektbezogenen Teilfunktionen zerlegt, welche unerlässlich sind, um in einer funktionierenden Verkettung von bewirkten und/oder verhinderten *Zustandsänderungen eines oder mehrerer Objekte* am Ende eine stabile und effektive Hauptfunktion hervorzubringen. Hierbei kann zur Präzisierung der notwendigen Funktionsmerkmale auf die in der Zielgrößenkomponente Z1 (Zweckmäßigkeit) zusammengefassten Gebrauchseigenschaften im Sinne von Auswirkungen ihrer Aktivierung zurückgegriffen werden. Die in der Basisvariante als Systemkomponenten enthaltenen Objekte können demgemäß einzelnen Teilfunktionen zugeordnet und bezüglich ihres Funktionswertes beurteilt werden.

Dabei wird sich immer ein Bereich des technischen Systems abgrenzen lassen, in dem eine oder auch mehrere Teilfunktionen angelegt sind, die einen im Vergleich zu den benachbarten Systembereichen deutlich niedrigeren Funktionswert besitzen. Dieser Systembereich wirkt wie ein Flaschenhals im Funktionswertfluss der Hauptfunktion, der diese und andere Teilfunktionen nicht voll zur Wirkung kommen lässt und damit die Funktionsfähigkeit des technischen Systems insgesamt entscheidend einschränkt. Er wird deshalb als der *kritische Funktionsbereich* des technischen Systems bezeichnet.

Entscheidend für den Erfinder ist nun nicht allein die Frage nach den technisch-naturgesetzmäßigen Ursachen für die Entstehung des funktionellen Flaschenhalses, sondern die *Frage nach den technisch-konstruktiven bzw. verfahrenstechnischen Gründen,* die einer Beseitigung dieser Ursachen auf dem Wege der optimalen Dimensionierung entgegen stehen. Diese Gründe sind auf einen *schädlichen technischen Effekt* (STE) zurückzuführen, der die Entwicklung des technischen Systems im Sinne der Zielgröße nicht zulässt.

Die Beantwortung dieser für die Erfindungsaufgabe entscheidenden Frage nach dem STE kann nur schrittweise erfolgen. Dazu werden die im kritischen Funktionsbereich angelegten Teilfunktionen ihrem Verfahrensprinzips gemäß in *Elementarfunktionen* und in die entsprechenden, gegenständlichen *Funktionseinheiten* zerlegt. Die einzelnen Funktionseinheiten werden in ihre operationalen Bestandteile – *Operation, Operand, Operator* und *Gegenoperator* – aufgelöst und diese dem Funktionsprinzip der jeweiligen Funktionseinheit gemäß als funktionelle Bestimmungsgrößen technisch definiert. So kann der kritische Funktionsbereich in einem morphologischen Schema übersichtlich und durchschaubar dargestellt werden.

Der *Funktionswertfluss* wird nun von Elementarfunktion zu Elementarfunktion untersucht. Dabei wird, einer geeignet gewählten Leitgröße (Strukturgröße) folgend, durch Variation der funktionellen Bestimmungsgrößen eine Optimierung der Funktionseinheiten unter Beibehaltung des Funktionsprinzips versucht.

Je nach Ergebnis der Optimierungsversuche kann die Wurzel des schädlichen technischen Effekts auf bestimmte Funktionseinheiten und deren strukturelle und funktionelle Eigenschaften begrenzt werden. Damit wird der kritische Funktionsbereich zunehmend eingeengt und präziser definiert. Gleichzeitig werden die in einer für das technische System kennzeichnenden Weise zusammenhängenden, technisch und naturgesetzmäßig gegebenen Anforderungen, Bedingungen, Einflüsse und Restriktionen (ABER) ermittelt, welche den technisch-wissenschaftlichen Problemkern bilden.

Das heißt, die am Anfang von Abschnitt (2.4) definierte weitere Menge von ABER ist durch die Verknüpfung der Teilobjekte der Basisvariante zu einem System geworden. Diese ABER auf technisch-wissenschaftlicher Ebene sind das Analogon der ABER auf technisch-ökonomischer Ebene. Man beachte, dass auf dieser Ebene mit *Einflüssen* statt *Erwartungen* zu arbeiten ist.

Die neuen ABER stehen der Überwindung des technisch-ökonomischen Widerspruchs im Wege. Diese ABER werden in einer folgenden Stufe des erfinderischen Vorgehens im Sinne eines technischen Ideals (IDEAL) so verändert, dass der STE verschwindet. Technische Punktionsanforderungen und naturgesetzmäßige Restriktionen werden dabei von der Variation zunächst ausgeschlossen.

W.11. Der schädliche technische Effekt und das IDEAL

Das (technische) IDEAL bezieht sich primär auf das Verhalten des technischen Systems in seinem kritischen Funktionsbereich.

Das übrige technische System wird zunächst als im Wesentlichen unveränderlich gesetzt. Mit dem IDEAL werden nun solche idealen konstruktiven Bedingungen und/oder solche idealen verfahrensmäßigen Anordnungen über die erkannten Optimierungsgrenzen hinausgehend vorausgedacht, dass alle unerwünschten technisch-naturgesetzmäßigen Einflussfaktoren verschwinden oder zumindest in ihrer Wirkung so weit abgebaut werden, dass eine entscheidende Erhöhung des Funktionswertes im kritischen Funktionsbereich zustande kommt. Dabei wird das Funktionsprinzip bzw. das funktionstragende Wirkprinzip zunächst nicht verändert. (Siehe hierzu Erfindungsprogramm Abschnitt 6).

Im Unterschied zu den technisch-ökonomischen ABER ergeben sich die technisch-wissenschaftlichen ABER nicht unmittelbar aus dem gesellschaftlichen Obersystem und dem technologischen Umfeld des technischen Systems, sondern aus seinem konstruktiven bzw. verfahrenstechnischen Aufbau und dem dort realisierten Funktionsprinzip. Mit diesen ABER werden neben *Anforderungen, Bedingungen* und *Restriktionen* auch *Einflüsse* (im Sinne von Nebenwirkungen) technisch-konstruktiver und technisch-naturgesetzmäßiger Art erfasst, welche die Bestandteile des technischen Systems aufeinander ausüben, oder welche auf sie aus der Systemumgebung einwirken.

Das Entgegensetzen neuer Bedingungen und das Zurückdrängen der Einflussfaktoren darf nicht gegen technische Anforderungen an strukturelle und funktionelle Grundeigenschaften der Basisvariante und naturgesetzmäßige Restriktionen verstoßen, welche durch die Gesamtfunktion der Basisvariante prinzipiell gesetzt sind. Andernfalls ruft das IDEAL einen anderen schädlichen technischen Effekt in einem anderen Systembereich hervor, der in der Regel ebenfalls einen spezifischen technisch-ökonomischen Widerspruch zur Folge hat.

Sollte sich herausteilen, dass die Beseitigung eines schädlichen technischen Effekts nur durch das Entstehen eines anderen möglich ist, so ist in jedem Falle „auszukundschaften", ob es einen dieser schädlichen Folge-Effekte gibt, gegen den ein ergänzendes IDEAL gedacht werden kann, das allen Anforderungen und Restriktionen des technischen Systems entspricht. In der Regel setzt dies aber eine eingehende Untersuchung der strukturellen und funktionellen Wechselbeziehungen des technischen Systems – zumindest im Umfeld des kritischen Funktionsbereichs – voraus.

Um dabei eine Irrfahrt durch das technische System zu vermeiden, ist dieses erkundende Vorgehen daher nur sinnvoll, solange nicht zu weit über den ursprünglich abgegrenzten Systembereich hinausgegangen werden muss. Wird dabei ein entwicklungsfähiger IDEAL-Ansatz gefunden, so ist ein tragfähiger *technischer Effekt* (TE) und ein vermittelndes *Funktionsprinzip* (FP) zu suchen, die den neuen Bedingungen und Einflussfaktoren im System der technisch-wissenschaftlichen ABER genügen. Hieraus werden die *Teilfunktionsprinzipe* und das *technische Prinzip* der erfinderischen Lösung für die Kernvariante (Schlüsselvariante) entwickelt und in einem Versuchsmuster erprobt.

Sollte jedoch kein entwicklungsfähiger IDEAL-Ansatz gefunden worden sein, so ist beim weiteren Vorgehen von dem Ansatz auszugehen, der am wenigsten gegen Anforderungen und Restriktionen im System der wissenschaftlichen ABER verstößt. Die Erkenntnisse aus den Erkundungen des technischen Systems werden jetzt zum *technisch-technologischen Widerspruch* (TTW) zusammengefasst. (Siehe hierzu Erfindungsprogramm, Abschnitt 7).

W.12. Der technisch-technologische Widerspruch (TTW) und das neue Funktionsprinzip für die Schlüssel-Variante

Der TTW begründet den spezifisch technischen Sachverhalt, dass die Beseitigung des ursprünglich vorgefundenen schädlichen technischen Effektes einen anderen, ebenso schwerwiegenden schädlichen Effekt *notwendig* hervorrufen muss. Zur Lösung dieses Widerspruchs werden nun die *allgemeinen Problemlösungsprinzipe* in Ansatz gebracht. (Siehe hierzu Erfindungsprogramm Abschnitt 9).

Ist ein Lösungsansatz zur Überwindung des TTW gefunden, so ist dieser zunächst am IDEAL bezüglich seines *technischen Effekts* auf prinzipielle Brauchbarkeit zu prüfen. Dann sind die technisch-wissenschaftlichen ABER entsprechend zu modifizieren, und es ist darauf zu achten, dass dabei nicht gegen technische Anforderungen und naturgesetzliche Restriktionen verstoßen wird. Schließlich ist zu prüfen, ob der *schädliche technische Effekt* tatsächlich beseitigt bzw. kein neuer TTW entstanden ist. Erst dann ist – bezugnehmend auf das IDEAL – eine Präzisierung des *neuen technischen Effekts* und die systemgerechte Ausprägung des *neuen Funktionsprinzips* für die Schlüsselvariante vorzunehmen.

Wird ein brauchbarer Ansatz zur Lösung des TTW nicht gefunden, so ist der *technisch-naturgesetzmäßige Sachverhalt* zu bestimmen, der dieser Lösung entscheidend entgegensteht. Hierzu wird die Systembetrachtung auf die kritische Wirkstelle der Schlüsselvariante gerichtet, von der diejenigen technisch-naturgesetzlichen Restriktionen ausgehen, die maßgeblich am Zustandekommen des TTW beteiligt ist. Diese von der kritischen Wirkstelle ausgehende technisch-naturgesetzliche Restriktion wird als *schädlicher naturgesetzlicher Effekt* (SNE) bezeichnet. Er besteht im Wesentlichen darin, dass ein an der kritischen Wirkstelle zu erbringender, funktionstragender bzw. gebrauchswertbestimmender technischer Teileffekt aufgrund

des ihm zugrunde liegenden Wirkprinzips bestimmte funktionelle
und/oder strukturelle Veränderungen des technischen Systems im
Umfeld dieser Wirkstelle verbietet. (Siehe hierzu Erfindungsprogramm, Abschnitt 7).

W.13. Der technisch-naturgesetzmäßige Widerspruch (TNW) und das neue Wirkprinzip für die Schlüsselvariante

In einem *Speicher naturgesetzlicher Effekte und Prinzipe* wird nach
solchen Lösungsansätzen gesucht, die den notwendigen technischen
Teileffekt an der kritischen Wirkstelle in mindestens gleicher Höhe
hervorbringen, ohne dass die ursprüngliche naturgesetzmäßige Restriktion aufrechterhalten werden muss.

Natürlich ist dabei immer zu prüfen, ob nicht nur eine problemati-
sche Restriktion gegen eine andere eingetauscht worden ist. Diese Prüfung kann zunächst auf theoretischem Wege anhand eines
technisch-naturwissenschaftlichen Modells der Wirkstelle und ihrer
näheren Umgebung erfolgen. Dabei werden die elementaren (funktionellen und strukturellen) Bedingungen und Zusammenhänge untersucht, die für das Entstehen des notwendigen technischen Teil-
effekts an der Wirkstelle zu schaffen sind. Hierbei stellt sich immer heraus, dass mindestens eine dieser Bedingungen aufgrund des
gewählten Wirkprinzips uneingeschränkt erfüllt werden muss. Das
heißt, sie ist als die *neue naturgesetzmäßige Restriktion* zu betrachten.

Ob diese neue Restriktion der Problemlösung entgegensteht oder
nicht, kann festgestellt werden, indem sie im Systemzusammenhang
der technisch-wissenschaftlichen ABER dem IDEAL gegenüberge-
stellt und untersucht wird, ob jetzt der schädliche technische Ef-

fekt beseitigt bzw. der TTW gelöst werden kann. Ist dies der Fall, so erfolgt – ausgehend vom IDEAL – eine *Präzisierung des neuen technischen Effekts* und die systemgerechte *Ausprägung des neuen Funktionsprinzips* für die Schlüsselvariante.

Bevor jedoch hieraus die Teilfunktionsprinzipe und das technische Prinzip entwickelt werden können, müssen die dem *technisch-naturwissenschaftlichen Modell* zugrunde liegenden vereinfachenden Annahmen und die dabei getroffenen Vernachlässigungen möglicher Nebeneffekte und untergeordneter Einflussfaktoren experimentell auf Gültigkeit und Zuverlässigkeit überprüft werden. Hierzu dient ein *Labormuster*, d.h. eine Nachbildung der Struktur des technischen Systems im Bereich der kritischen Wirkstelle.

Wird auch nach mehreren Ansätzen ein geeignetes technisch-naturgesetzliches Wirkprinzip zur Lösung des TTW *nicht* gefunden, so werden die dabei gewonnenen Erkenntnisse als *technisch-naturgesetzmäßiger Widerspruch* (TNW) zum Ausdruck gebracht. Dieser begründet den problemspezifischen naturwissenschaftlichen Sachverhalt, dass es für das technische System der Basisvariante *kein Wirkprinzip gibt*, welches eine technisch-naturgesetzliche Restriktion aufhebt, ohne andere, ebenso schwerwiegende hervorzurufen. Der Grund hierfür sind *restriktive funktionelle und/oder strukturelle Bedingungen und Anforderungen* des technischen Systems, welche auch neue Wirkprinzipe nicht zur Entfaltung kommen lassen.

Mit Hilfe der *allgemeinen Problemlösungsprinzipien* wird nun versucht, diese Bedingungen und Anforderungen so „aufzuweichen", dass eines der in Betracht gezogenen Wirkprinzipien nicht mehr auf einen TNW führt. Damit sind dann auch der TTW und der TÖW prinzipiell lösbar geworden. (Siehe hierzu Erfindungsprogramm, Abschnitt 9).

6 Baustein KDT-Erfinderschule. Lehrbrief 2. Anhang

Anhang 1. Denkfeldstruktur des Programms zum Herausarbeiten erfinderischer Aufgabenstellungen und Lösungsansätze

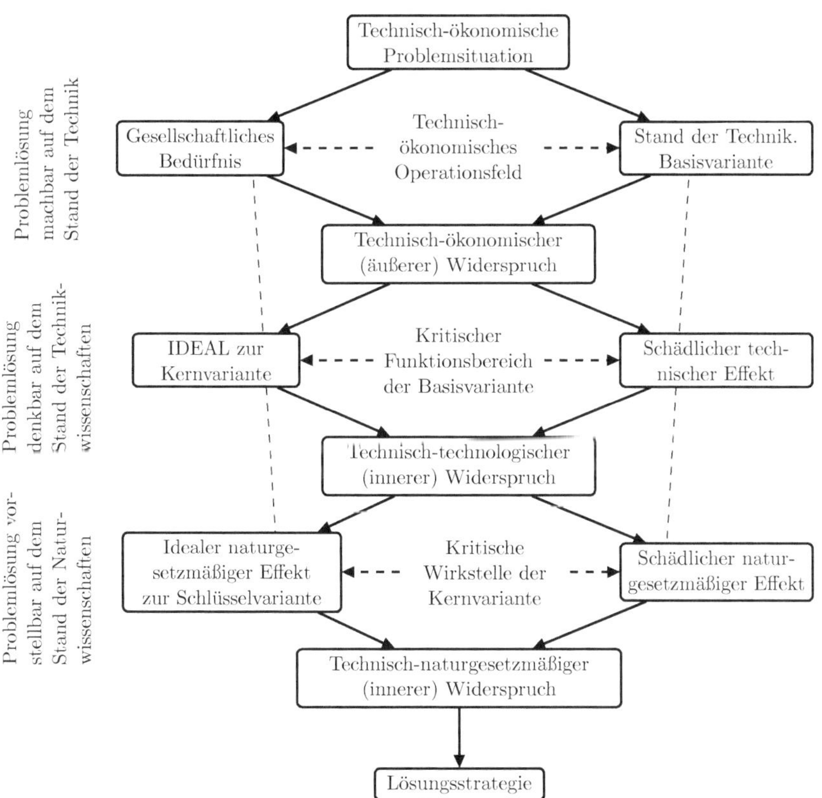

Anhang 2. Programmablauf zum Herausarbeiten von Erfindungsaufgaben und Lösungsansätzen

(Im Original in grafischer Darstellung eines Programmablaufplans)

A. Technisch-ökonomischer Programmteil

Zielstellung: Kritik des Standes der Technik aus technisch-ökonomischer Sicht. Bestimmen der maßgebenden Ziel- und Führungsgrößen.

(A1) Präzisieren des gesellschaftlichen Bedürfnisses (GB) gemäß betrieblicher Aufgabenstellung (AST) mit

    (A1a) Bestimmen des übergreifenden GB (1.3), (1.6)
    (A1b) Bestimmen des speziellen GB (1.1), (1.2), (1.4)

(A2) Bestimmen der ABER (1.4), (1.6), (1.7)

(A3) Bestimmen der erforderlichen Gebrauchseigenschaften (1.4), (1.5)

(A4) Definiern der Komponenten Z_i der Zielgröße ζ (1.8), (1.9), (1.10)

(A5) Wahl des technisch-technologischen Prinzips (2.1)

(A6) Ermitteln der Basisvariante des technischen Systems aus dem Stand der Technik (2.2), (2.3), (2.4)

(A7) Formulierung der technisch-ökonomischen Zielstellung (2.5), (4.3b)

(A8) Black-Box-Analyse des technischen Systems (2.6), (2.7), (2.8), (2.9), (2.10), (2.11), (2.14), (2.15), (3.4)

(A9) Abgrenzen des technisch-ökonomischen Operationsfelds (2.12), (2.13), (3.1), (3.2), (3.3)

(A10) Bestimmung der Führungsgröße G_F (2.5f), (4.1)

(E1) **Entscheide:** Ist das technische System zweckmäßig abgegrenzt? (4.2), (3.4)

> – **Ja:** Weiter zu (E2)
> – **Nein:** Zurück zu (A8)

(E2) **Entscheide:** Ist eine Optimierungslösung möglich? (2.9), (2.14), (2.15)

> – **Ja:** Arbeite die Optimierungslösung aus $\rightarrow$ **STOP**
> – **Nein:** Weiter zu (A11)

(A11) Auffinden und Formulieren des problembestimmenden technisch-ökonomischen Widerspruchs (4.2), (4.3), (4.4)

(E3) **Entscheide:** Liegt ein Fall von „Betriebsblindheit" vor?

> – **Ja:** Zurück zu (E2)
> – **Nein:** Weiter zu Teil B
> – **Ungewiss:** Zurück zu (A5)

B. Technisch-technologischer Programmteil

Zielstellung: Kritik des Standes der Technik aus technisch-technologischer Sicht. Bestimmen der maßgebenden Operationsgrößen.

(B1) Auffinden und Formulieren des unerwünschten Effekts (2.10), (2.11), (2.15c), (2.15e), (5.1), (5.4)

(B2) Abgrenzen des kritischen Funktionsbereichs in der Struktur des technischen Systems (2.8), (2.15c), (2.15d) (3.4), (5.2), (5.3)

(B3) Entwerfen des Idealbilds zur Kernvariante (im kritischen Funktionsbereich des technischen Systems) – IDEAL – (6.1)

(B4) Entwickeln von Vorstellungen über die notwendigen technischen Voraussetzungen (ABER) für die Brauchbarkeit des Idealbilds (Idealvorstellungen) (6.2)

(B5) Gedankliches Modifizieren des technischen Systems hinsichtlich erforderlicher Funktionseigenschaften außerhalb des kritischen Funktionsbereichs entsprechend den Idealvorstellungen zu den ABER (6.3), (6.4)

(E4) **Entscheide:** Tritt ein schädlicher technischer Effekt erneut in Erscheinung? (6.5)

  – **Ja:** Zurück zu (B2)
  – **Nein:** Weiter zu (E5)

(E5) **Entscheide:** Sind die ABER hinreichend bestimmt? (6.2a)

  – **Ja:** Weiter zu (B6)
  – **Nein:** Zurück zu (B4)

(B6) Abheben des idealen Endresultats (IER) (6.4)

(E6) **Entscheide:** Sind die Idealvorstellungen zu den ABER technisch realisierbar? (6.2a), (9.5)

  – **Ja:** Ein unerwarteter Ansatz zu einer **raffiniert einfachen Lösung** (REL) ist gefunden (6.5). Zurück zu (E2).
  – **Nein:** Weiter zu (B7)

(B7) Auffinden und Formulieren des technischen Widerspruchs
(6.2d), (7)

(E7) **Entscheide:** Handelt es sich um ein Vorurteil der Fachwelt?
(6.2a), (9.5)

- **Ja:** Übergang zur Beseitigung eines technischen Widerspruchs mit überraschender Wirkung (6.2a), (9.5). Zurück
zu (E2).
- **Nein:** Weiter zu Teil C
- **Ungewiss:** Zurück zu (B1)

C. Technisch-wissenschaftlicher Programmteil

Zielstellung: Kritik des Standes der Technik aus technisch-naturwissenschaftlicher Sicht. Bestimmen der maßgebenden Wirkgrößen.

(C1) Ableiten der technisch-naturgesetzlichen Ursache des schädlichen technischen Effekts aus den Idealvorstellungen zu den
ABER (8.1a)

(C2) Eingrenzen der kritischen Wirkstelle im technischen System
(2.8)

(C3) Modellieren der kritischen Wirkstelle

(C4) Formulieren einer Suchfrage an einen Speicher naturgesetzmäßiger Effekte zur Verwirklichung der ABER entsprechend
den Idealvorstellungen (idealer naturgesetzmäßiger Effekt)
(8.3)

(E8) **Entscheide:** Ist ein solcher gesuchter naturgesetzmäßiger Effekt vorhanden?

> – **Ja:** Berücksichtigung dieser neuartigen technischen Lösungsansätze. Zurück zu (E6).
> – **Nein:** Weiter zu (C5)

(C5) Formulieren des technisch-naturgesetzmäßigen Widerspruchs (8.1b), (10.1)

(E9) **Entscheide:** Handelt es sich um Blindheit der Fachwelt? (8.2), (10.1))

> – **Ja:** Berücksichtigung dieser fachfremden technischen Lösungsansätze. Zurück zu (E2).
> – **Nein:** Weiter (C6)
> – **Ungewiss:** Zurück zu (C1)

(C6) Auffinden geeigneter Lösungsstrategien im technischen System zur Überwindung des technischen Widerspruchs (8.2), (9.1), (9.2), (9.4a), (10.2)

(C7) Formulieren der Erfindungsaufgabe mit dem Ziel einer durchgreifenden Erneuerung der Struktur des technischen Systems (9.4b)

(C8) Auffinden von geeigneten Lösungsprinzipien zur Lösung der Erfindungsaufgabe (9.3), (9.4a)

(C9) Auffinden von prinzipiell neuartigen Lösungsansätzen (Hervorbringen einer neuen Generation des technischen Systems) (10.2) → **Zurück zu (A5)**

Darstellung als Programmablaufplan

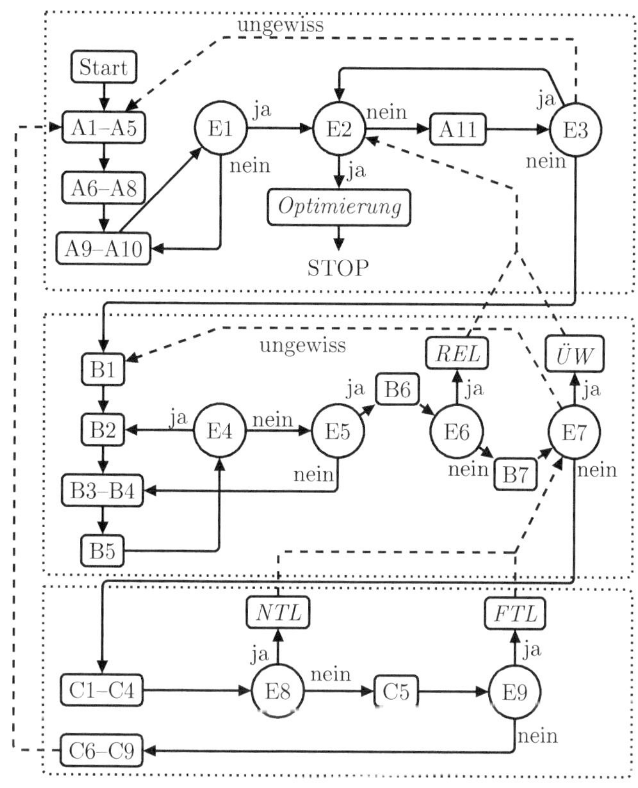

Legende

REL   Relativ einfache Lösung
ÜW   Überraschende Wirkung
NTL   Neuartige technische Lösung
FTL   Fachfremde technische Lösung

Anhang 3. Der ProHEAL-Entscheidungsbaum

Im Original ebenfalls als Diagramm ausgeführt und bezeichnet als „Erneuerungspass, Teil I – St. Herausarbeiten von Erfindungsaufgaben und Lösungsansätzen im Rahmen der Nomenklatur der Leistungen und Arbeitsstufen des Planes Wissenschaft und Technik."

(P1) Ist der **technisch-ökonomische Widerspruch** durch Polyoptimierung auf dem Stand der Technik

    – beherrschbar? → **Pflichtenheft** der Entwicklung k.V. ohne erfinderische Zielstellung.

    – nicht beherrschbar? Weiter zu (P2)

(P2) Ist der *schädliche technische Effekt* auf dem Stand der technisch-technologischen Erfahrungen und der technisch-wissenschaftlichen Erkenntnisse auf der Grundlage hinreichend gesicherter Hypothesen bzw. Modellvorstellungen

    – bestimm- und erklärbar? Weiter zu (P4)

    – nicht bestimm- und erklärbar? Weiter zu (P3)

(P3) Hypothesenfindung. Ableitung der Zielfrage zur Hypothesenüberprüfung. → **Pflichtenheft** der Forschung mit einer auf Entdeckung orientierten Fragestellung.

Mit den Ergebnissen zurück zu (P2).

(P4) Erscheint das *ideale Endresultat* als vollständige Behebung des *schädlichen technischen Effekts* ohne wesentliche Veränderung des technischen Systems als Ganzes

    – unter bestimmten Bedingungen realisierbar? → **Pflichtenheft** der Entwicklung k.V. mit erfinderischer Zielstellung.

– auch unter Berücksichtigung aller begünstigenden Bedingungen nicht realisierbar? Weiter zu (P5)

(P5) Erscheint der **technisch-technologische Widerspruch** auf dem Stand der Technikwissenschaften

– lösbar oder eine Lösung zumindest modellhaft bzw. hypothetisch vorstellbar? Weiter zu (P7)
– nicht lösbar und eine Lösung auch modellhaft nicht vorstellbar? Weiter zu (P6)

(P6) Löse den **technisch-naturgesetzmäßigen Widerspruch** durch Hypothesenfindung, Modellbildung und Ableitung der Suchfrage nach Wirkprinzipien. → **Pflichtenheft** der Forschung mit erfindensorientierter Fragestellung.

Mit den Ergebnissen zurüch zu (P5).

(P7) Ist eine **Lösungsstrategie für den technisch-technologischen Widerspruch**

– auffindbar, evt. in weiter entfernten Analogiebereichen und/oder auf der Grundlage hinreichend gesicherter Hypothesen? Weiter zu (P9).
– nicht auffindbar. Weiter zu (P8)

(P8) Die Suchfrage ist nur formulierbar auf der Grundlage nicht ausreichend gesicherter Hypothesen bezüglich technischer Anwendbarkeit von Wirk- und Arbeitsprinzipien. → **Pflichtenheft** der Forschung mit erfinderischer Fragestellung.

Mit den Ergebnissen zurüch zu (P7).

(P9) Aus den Prinziplösungsansätzen → **Pflichtenheft** der Entwicklung k.V. mit erfinderischer Zielstellung ableiten.

Literatur

[1] Genrich S. Altschuller. Erfinden – (k)ein Problem? Berlin 1973.

[2] Genrich S. Altschuller, Alexander B. Seljuzki. Flügel für Ikarus. Leipzig 1983.

[3] Genrich S. Altschuller. Erfinden. Wege zur Lösung technischer Probleme. Berlin 1986.

[4] Hans-Gert Gräbe. Die Entwicklung der DDR-Erfinderschulen und die Entwicklung der TRIZ (in Russisch). In: Online-Protokollband des TRIZ Summit 2019 Minsk. Deutsche Version unter `https://hg-graebe.de/EigeneTexte/`.

[5] Hans-Gert Gräbe. The Contribution to TRIZ by the Inventor Schools in the GDR. Proceedings of the 15th MATRIZ TRIZfest-2019 International Conference. ISBN: 9780578626178, S. 346-352. Deutsche Version unter `https://hg-graebe.de/EigeneTexte/`.

[6] Dieter Herrig, Herbert Müller, Rainer Thiel. Technische Probleme – dialektische Widersprüche – erfinderische Widerspruchslösung. In: Maschinenbautechnik 6/1985, Berlin.

[7] Dieter Herrig, Herbert Müller, Rainer Thiel. Technische Probleme – methodische Mittel – erfinderische Lösungen. In: Maschinenhautechnik 7/1985, Berlin.

[8] Michael Herrlich. KDT-Erfinderschule, Lehrmaterial, 1. und 2. Teil. Berlin 1982.

[9] Michael Herrlich. Vorschläge zur künftigen Gestaltung der Aus- und Weiterbildung im erfinderischen Schaffen. In: Das Hochschulwesen 3 (1986) Heft 7, Berlin.

[10] Michael Herrlich. Erfinden als Inforrnationsverarbeitungs- und -generierungsprozeß, dargestellt am eigenen erfinderischen Schaffen und am Vorgehen in KDT Erfinderschulen. Dissertation A, TH Ilmenau, 1988. `http://d-nb.info/900036486`

[11] Bernd Hill. Methoden des Erfindens und ihre Nutzung zur Förderung technisch begabter Schüler neunter Klassen. Unveröffentlichtes Material, Pädagogische Hochschule Erfurt, 1987. `http://d-nb.info/890765634`

[12] Hansjürgen Linde. Gesetzmäßigkeiten, methodische Mittel und Strategien zur Bestimmung von Entwicklungsaufgaben mit erfinderischer Zielstellung. Dissertation A, TU Dresden, 1988. `http://d-nb.info/890630186`

[13] Hansjürgen Linde, Bernd Hill. Erfolgreich erfinden: Widerspruchsorientierte Innovationsstrategie für Entwickler und Konstrukteure. Darmstadt, 1993. ISBN: 978-3-87807-174-7

[14] Johannes Müller, J. Koch u.a. Programmbibliothek zur systematischen Heuristik für Naturwissenschaftler und Ingenieure. In: Wissenschaftliche Abhandlungen des Zentralinstituts für Schweißtechnik Halle, Band 97-99, Halle 1973. `http://d-nb.info/364415797`.

[15] Jean Paul. Blumen-, Frucht- und Dornenstücke oder Ehestand, Tod und Hochzeit des Armenadvokaten Firmian Stanislaus Siebenkäs im Reichsmarktflecken Kuhschnappel. Berlin

1796–97. `https://www.projekt-gutenberg.org/jeanpaul/`
`siebenks/siebenks.html`

[16] Werner Preisler. Voraussetzungen für Spitzenleistungen. Methoden und Verfahren zum Gewinnen und Bewerten von Lösungen. Karl-Marx-Stadt, 1984.

[17] R. Reichel. Dialektisch-materialistische Gesetzmäßigkeiten der technischen Evolution. URANIA-Schriftenreihe für den Referenten. Heft 6/1984.

[18] Hans-Jochen Rindfleisch, Rainer Thiel. Beiträge zur Erhöhung des erfinderischen Schaffens. Bauakademie der DDR. Berlin 1986.

[19] Hans-Jochen Rindfleisch, Rainer Thiel. Erfindungsmethodische Grundlagen. KDT-Lehrmaterial für Erfinderschultrainer. Berlin 1988. `https://wumm-project.github.io/GIS`

[20] Hans-Jochen Rindfleisch, Rainer Thiel, Gerhard Zadek. KDT-Erfinderschule, Lehrbrief 2: Erfindungsmethodische Arbeitsmittel. Lehrmaterial zur Erfindungsmethode. Berlin 1989. `https://wumm-project.github.io/GIS`

[21] Hans-Jochen Rindfleisch, Rainer Thiel. Erfinderschulen in der DDR. Trafo Verlag Berlin, 1994. ISBN 3-930412-23-3

[22] U. Schmidt. Projektierung des unterrichtlichen Erkenntnisprozesses zum Lehrgegenstand „elektronische Systeme" unter Anwendung von Erkenntnissen der materialistischen Dialektik. Diss. B (Habilitation). Pädagogische Hochschule Erfurt 1977.

[23] Karl Speicher. Beiträge zur Förderung technischer Erfindungen und Spitzenleistungen. Genesen und methodologisch orientierte Analysen eigener Erfindungen. Unveröffentlicht. Berlin 1980.

[24] Rainer Thiel. Über einen Fortschritt in der Aufklärung schöpferischer Denkprozesse. Die Erfindungsmethodik von G. S. Altschuller (Baku) und ein Vergleich zwischen dieser und der Systematischen Heuristik von J. Müller. In: Deutsche Zeitschrift für Philosophie 3/1976, Berlin.

[25] Rainer Thiel (Hrsg.). Methodologie und Schöpfertum. Teilnehmerbeiträge zum Kolloquium am 1./2. Dezember 1977. Berlin 1977.

[26] Rainer Thiel. Zur stärkeren Ausprägung schöpferischer Fähigkeiten durch Auseinandersetzung mit Heuristiken. In: Wissenschaftliche Zeitschrift der Technischen Hochschule Leipzig, 6/1978.

[27] Rainer Thiel. Dialektische Widersprüche in der alltäglichen Ingenieurarbeit – Verhältnis von Kompromiß (Optimierung) und erfinderischer Widerspruchslösung – Widerspiegelung dieses Verhältnisses in der Hochschulliteratur zur Ingenieurausbildung. Vortrag in der Arbeitsgemeinschaft „Erfindertätigkeit und Schöpfertum" beim Bezirksvorstand der KDT, 1980.

[28] Rainer Thiel. Ein Ansatz zu einer Verbindung von Erfindungsmethodik und materialistischer Dialektik. In: Wissenschaftliche Zeitschrift der Technischen Hochschule Leipzig, 25/1981.

[29] Rainer Thiel. Besonderheiten der Informationsverarbeitung beim Erfinden. Vortrag auf dem Problemseminar „Informa-

tionsverarbeitung bei konstruierender und projektierender Arbeitsweise" an der TH Karl-Marx-Stadt, Hektographiert. 1984.

[30] Rainer Thiel. Methodologische Grundlagen des schöpferischen Problemlösungsprozesses. Reihe *Grundlagen des wissenschaftlich-technischen Schöpfertums in Forschungs- und Entwicklungsprozessen*, Lehrbrief 2.2., Berlin und Jena, 1986.
`http://d-nb.info/1035446324`

[31] Rainer Thiel. Wie ernst nehmen wir es mit der Dialektik? Offene Fragen und Lösungsansätze. Denkschrift an Kurt Hager, Berlin 1987.

[32] Rainer Thiel. Marx und Moritz. Unbekannter Marx. Quer zum Ismus. Trafo Verlag, Berlin 1998. ISBN: 978-3-89626-153-3

[33] Rainer Thiel. Erfinderschulen – Problemlöse-Workshops. Projekt und Praxis. LIFIS-Online, 03.07.2016.
DOI: `10.14625/thiel_20160703`.

[34] Sahra Wagenknecht. Reichtum ohne Gier: Wie wir uns vor dem Kapitalismus retten. Campus Verlag 2018.
ISBN: 978-3-593-50875-7

[35] Dietmar Zobel. Erfinderfibel – Systematisches Erfinden. Berlin 1985. `http://d-nb.info/860419878`

[36] Dietmar Zobel. Erfinderpraxis – Ideenvielfalt durch systematisches Erfinden. Berlin 1991. ISBN: 978-3-326-00654-3